U0244055

"十三五"国家重点出版物出版规划项目

中国道路

|文|化|建|设|卷|

新时期中国建筑文化

CHINESE ARCHITECTURAL CULTURE IN THE NEW PERIOD

李世芬 于璨宁 等著

中国财经出版传媒集团
经济科学出版社
Economic Science Press

图书在版编目（CIP）数据

新时期中国建筑文化/李世芬等著.—北京：经济
科学出版社，2019.9
（中国道路.文化建设卷）
ISBN 978 - 7 - 5218 - 0928 - 2

Ⅰ.①新…　Ⅱ.①李…　Ⅲ.①建筑文化 - 研究 -
中国 - 现代　Ⅳ.①TU - 092.7

中国版本图书馆 CIP 数据核字（2019）第 199784 号

责任编辑：孙丽丽　纪小小
责任校对：隗立娜
责任印制：李　鹏

新时期中国建筑文化
李世芬　于璨宁　等著
经济科学出版社出版、发行　新华书店经销
社址：北京市海淀区阜成路甲 28 号　邮编：100142
总编部电话：010 - 88191217　发行部电话：010 - 88191522
网址：www. esp. com. cn
电子邮箱：esp@ esp. com. cn
天猫网店：经济科学出版社旗舰店
网址：http://jjkxcbs. tmall. com
北京鑫海金澳胶印有限公司印装
710 × 1000　16 开　16 印张　210000 字
2019 年 12 月第 1 版　2019 年 12 月第 1 次印刷
ISBN 978 - 7 - 5218 - 0928 - 2　定价：78.00 元
（图书出现印装问题，本社负责调换。电话：010 - 88191510）
（版权所有　侵权必究　打击盗版　举报热线：010 - 88191661
QQ：2242791300　营销中心电话：010 - 88191537
电子邮箱：dbts@ esp. com. cn）

《中国道路》丛书编委会

顾　　　问：魏礼群　马建堂　许宏才

总　主　编：顾海良

编委会成员：（按姓氏笔画为序）

马建堂　王天义　吕　政　向春玲
陈江生　季正聚　季　明　竺彩华
周法兴　赵建军　逢锦聚　姜　辉
顾海良　高　飞　黄泰岩　傅才武
曾　峻　魏礼群　魏海生

文化建设卷

主　　　编：季正聚

《中国道路》丛书审读委员会

总　序

　　中国道路就是中国特色社会主义道路。习近平总书记指出，中国特色社会主义这条道路来之不易，它是在改革开放三十多年的伟大实践中走出来的，是在中华人民共和国成立六十多年的持续探索中走出来的，是在对近代以来一百七十多年中华民族发展历程的深刻总结中走出来的，是在对中华民族五千多年悠久文明的传承中走出来的，具有深厚的历史渊源和广泛的现实基础。

　　道路决定命运。中国道路是发展中国、富强中国之路，是一条实现中华民族伟大复兴中国梦的人间正道、康庄大道。要增强中国道路自信、理论自信、制度自信、文化自信，确保中国特色社会主义道路沿着正确方向胜利前进。《中国道路》丛书，就是以此为主旨，对中国道路的实践、成就和经验，以及历史、现实与未来，分卷分册做出全景式展示。

　　丛书按主题分作十卷百册。十卷的主题分别为：经济建设、政治建设、文化建设、社会建设、生态文明建设、国防与军队建设、外交与国际战略、党的领导和建设、马克思主义中国化、世界对中国道路评价。每卷按分卷主题的具体内容分为若干册，各册对实践探索、改革历程、发展成效、经验总结、理论创新等方面问题做出阐释。在阐释中，以改革开放四十多年伟大实践为主要内容，结合新中国成立七十年的持续探索，对中华民族近代以来发展历程以及悠久文明传承的总结，既有强烈的时代感，又有深刻的历史感召力和面向未来的震撼力。

丛书整体策划，分卷作业。在写作风格上，注重历史和现实相贯通、国际和国内相关联、理论和实际相结合，对中国道路的重大理论和实践问题做出探索；注重对中国道路的实践经验、理论创新做出求实、求真的阐释；注重对中国道路做出富有特色的、令人信服的国际表达；注重对中国道路为发展中国家走向现代化的途径、为解决人类问题所贡献的中国智慧和中国方案的阐释。

在新中国成立特别是改革开放以来我国发展取得的重大成就基础上，近代以来久经磨难的中华民族实现了从站起来、富起来到强起来的历史性飞跃，焕发出强大生机活力，迈进中国特色社会主义道路发展的新时代。在新时代建设社会主义现代化强国的新的历史征程中，中国财经出版传媒集团经济科学出版社、中国特色社会主义经济建设协同创新中心精心策划、组织编写《中国道路》丛书有着更为显著的、重要的理论意义和现实意义。

《中国道路》丛书 2015 年策划启动，2017 年开始陆续推出。丛书 2016 年列入"十三五"国家重点出版物出版规划项目、主题出版规划项目。丛书第一批，2017 年列入国家"90 种迎接党的十九大精品出版选题"；2018 年获国家出版基金资助，作为馆藏图书被大英图书馆收藏；2019 年被中宣部遴选为"书影中的 70 年·新中国图书版本展"参展图书，并入选国家社科基金中华学术外译项目推荐选题目录。丛书第二批于 2019 年陆续推出。

《中国道路》丛书编委会
2019 年 9 月

目　录

第一章

绪　　论

建筑，作为一种文化，有其丰富的内涵。记忆中温暖的"家"、独特的学校、工厂、教堂、纪念馆……建筑，是人类栖息的"家园"，是"石头的史书"（维克多·雨果，Victor Hugo）、是"凝固的音乐"（黑格尔，Hegel）、是"流动的音乐"[①]……每一种说辞都引人遐想……建筑，到底是什么呢？

作为一门工程技术和人文艺术相交叉的学科，"建筑"涉及建筑技术和建筑艺术，并具有实用性、技术性和艺术性。在汉语中，"建筑"是一个复合词，即"建"＋"筑"，意味着动态的营造。《玉篇》中之"建"，寓意为"竖立"；《诗·小雅》载："如彼筑室与道谋"，"筑"意味着用泥土"筑墙"。在英语中，"建筑"有两个含义：一是 building，二是 architecture，前者指作为工程形态的建筑物，后者指具有艺术内涵的建筑。[②] 建筑有形有色，首先，作为物化的工程形态，建筑是人类的定居生活设施，作为容器和场所，满足人类生存的基本功能要求；其次，作为一种文化现象，可谓文化的缩影，是人类文明的历史沉淀。超然于物质，建筑包含着精神的意义，也上升到文化和审美的

---

① ［英］戴维·皮尔逊（Pearson D.）著，董卫译：《新有机建筑》，江苏科学技术出版社 2003 年版。

② 郑先友：《建筑艺术：理性与浪漫的交响》，安徽美术出版社 2003 年版。

层面。①

作为特定的文化类别和载体（超文化），建筑具有所在文化体系的哲学内涵和价值尺度，并在技术层面具有其专业尺度与规范。早在公元前 1 世纪，罗马工程师马可·威特鲁威（Marcus Vitruvius Pollio）就在其《建筑十书》中提出建筑的三要素为"实用、坚固、美观"②，一度成为世界建筑界公认的尺度。

一、古典营建：中国传统建筑之形与意

中国传统建筑文化，以东方独特的大地哲学和土木建构，在世界建筑中独创一格，并有其独特的文化理念。在《中国建筑文化大观》一书中，罗哲文先生强调以文化学视角看待建筑，指出"中国建筑，是中华民族传统优秀文化传统中极其灿烂辉煌的组成部分"。在该书前言中，王振复先生归纳了中国建筑的四个典型特征，即"人与自然的亲和关系，天人合一的时空意识；淡于宗教与浓于伦理；亲地倾向与恋木情节；达理而通情的大地文化"。王先生的观点从文化高度切入，超然象外，精辟、准确地传达了中国建筑文化的信息和内涵。同时，笔者认为表意性与场所化也是中国传统建筑文化的重要特征。

（一）中国传统建筑的文化观

1. 整体观念："天人合一"的时空意识

自古以来，东西方对待自然的观念、方式不同，东方是亲和的态度，西方是对立的观点。中国哲学把人与自然作为一个整体

---

① 支文军、徐千里：《体验建筑——建筑批评与作品分析》，同济大学出版社 2000 年版。

② ［古罗马］维特鲁威：《建筑十书》，北京大学出版社 2012 年版。

系统，强调其亲和关系。中国人信奉生命哲学，认为人与自然是同构对应的，正所谓"天人合一"。对于"天人合一"的时空意识，古代思想家曾经从不同视角给予阐释。

《周易》"天人合一"与"三才"概念。《易·乾卦·文言》提出"大人者，与天地和其德，与日月和其明，与四时和其序"①，将"天人合一"视为人生的理想境界。形成了人与自然和合关系的价值取向。《周易》提出天、地、人"三才"的概念，《易·说卦》指出"是以立天之道，曰阴与阳；立地之道，曰柔与刚；立人之道，曰善与恶；兼三才而两之，故《易》六画而成卦"。② 世界万物是一个统一的整体，这个整体内的万物皆可归于天、地、人三才，"道生一，一生二，二生三，三生万物"③，三才齐备而万物化生，生生不息（见图1-1）。

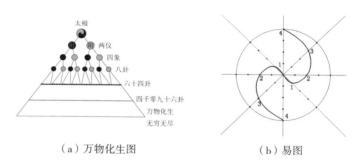

（a）万物化生图   （b）易图

图1-1 易经视角下的中国传统哲学理念

图片来源：笔者依据胡昌善编著的《太极图之谜》绘制。

庄子"道法自然"学说。庄子提出"道法自然""我自然"的观念，追求"天地与我并生，万物与我为一"的境界。

董仲舒及其"天人感应"学说。汉代大儒董仲舒兼容儒、

①② ［上古］伏羲、［商］周文王、［春秋］孔子：《周易》，中国画报出版社2013年版。

③ 王弼：《老子道德经注（精）》，中华书局出版2011年版。

释、道精神，将周代以来的天道观和阴阳、五行学说结合，并吸收法家、道家、阴阳家思想，建立了新的思想体系——"天人感应"理论（《举贤良对策》）。① 《春秋繁露·阴阳义》中有："天亦有喜怒之气，哀乐之心，与人相副，以类合之，天人一也……与天同者大治，与天异者大乱。"② 作为汉经学代表，董仲舒的最大成就是建立了庞大的哲学体系，提出"天人感应"、新"天人合一"的目的论，并主张仁学和天道，体现了人文主义思想。其哲学观点，不仅被推崇两千年之久，而且与当代所推行的人与自然共生共存的观念不谋而合。

宇宙的概念。关于宇宙的概念最早源于神话传说。《史记·补三皇本纪》记载，水神共工造反，交战中用头去撞西方的世界支柱而致天宇塌陷，天河之水注入人间。③ 女娲来到昆仑山上，炼五色石补好天空，折神鳖之足撑四极……由此，宇宙的概念生成，"上下四方曰宇，往古来今曰宙"④，"宇"与"宙"的内涵正是浩瀚的时空。

中国传统诗画也精于天地共与的时空意识。"人闲桂花落，夜静春山空。月出惊山鸟，时鸣春涧中"（《鸟鸣涧》）⑤，王维的山水诗体现了从有限的景色描写中表现无限的心境，这种无限最终又落脚到有限的景色中。王维寄情山水、闲云野鹤般悠然自得的心态和哲学观，在诗画意境中摹写悠远、大美的时空，实现了"天人合一"的理想。

象法宇宙，天地一所"大房子"。中华建筑正是基于"天人合一"的哲学理念，营造出浩瀚天宇中的"小房子"。"结庐在人间"，"天地入吾庐"，这里，建筑正是以具体的物化形态与灵

---

① ② 景县志编撰委员会：《董仲舒文化研究》，新华出版社 2009 年版。
③ ［西汉］司马迁著，邹德金整理：《名家注评史记》，天津古籍出版社 2011年版。
④ 孙通海译注：《庄子》，中华书局出版 2016 年版。
⑤ ［唐］王维：《鸟鸣涧》，古诗文网，http：//so. gushiwen. org/view_5753. aspx。

性场所体现出天、地、人和合的审美意境和宇宙图景。同时，园林营建也是"虽由人作，宛自天开"①。无论传统建筑巍峨的殿宇，还是园林小筑的飞檐峭壁，中国建筑之"宇"有独特的文化意义。

2. 实用逻辑：方圆同构的伦理秩序

西汉以来，儒道释合流，儒学的伦理代替了宗教的迷狂，道并行不悖，但儒学成为准宗教。儒学伦理奠定了中国传统建筑的理性秩序，并具体表现在群体、个体的秩序之中。

择中观和中轴意识是伦理秩序的典型体现，国土中的首都、首都中的皇城乃至村落中的民居，多数是中轴对称布置的。对称，体现了世俗理性、秩序；方圆同构，中正理性，更容易组织群体和空间，并形成序列与层次。

中华建筑淡于宗教而浓于伦理。与西方强烈的宗教信仰相比，中华民族更信奉自然。中华早期先民的头脑中多为自然神，之后经历了泛神论、无神论。漫长的封建社会，人们头脑中更多的是祖先崇拜、家族观念，宗法、家长制长期存续，因此，家祠多而神庙少。中国大量建设与存在的是宫殿、帝王陵寝、坛庙（宗祠）；而西方则是神庙、教堂。

总之，实用理性与非宗教倾向是中国建筑文化的典型特征，建筑形态则表现为伦理的宗教化与审美化。

3. 理性而浪漫：见素抱朴的土木情节

作为典型的农耕社会，中华先民以农立本，自古就有强烈的亲地倾向。与西方宗教化的天国神往不同，中国人更注重实用理性，关注现实、此岸的现世人生。西方建筑追求垂直、神秘的天际升腾，中华建筑则注重横向、谦卑的大地建构。"亲地"倾向与"恋木"情节，源于见素抱朴的哲学观念和农耕为主的生存模式。从架木为巢、洞穴而居，到长达几千年的土木建构，是中

---

① ［明］计成著，李世葵、刘金鹏编著：《园冶》，中华书局出版2017年版。

华民族的现实选择。[①]

九宫之中，以土为中。阴阳五行中，土，温厚而可塑，乃生命之本；木为五行之始，万物之始，代表着生生不息，也代表了最为美好的意义（音乐）。在观念上，木为奢侈与俭朴的折中。在技术、功能层面，土，温良可塑；木，取材、加工方便，易于施工，具通用性，又易维修（偷梁换柱）、抗震（形成框架）。在古代，土木材料来源丰富，土木结合简便易行，可循环再生，土木营构可谓非常智慧的选择。[②]

木构体系乃中华建筑的核心体系，土木为材，是理性而浪漫的建构，也决定了中国建筑的技术、结构类型和空间组合与艺术形象。同时，土木材料的特性、结构，创造了墙不承重，"墙倒屋不塌"的东方范式，以及美妙的门窗文化。

4. 超然象外："传情""表意"的场所营造

中国传统建筑不仅富于理性，而且长于抒情、表意和场所营造。在观念上，儒家的礼乐和谐的理念、道家天人合一的哲学，都在引导中国古典建筑走向自然与人工的同构。时空、材料与结构、技术与艺术、方与圆、阳刚与阴柔，共同形成多维复合的建构，可谓内在理性与外在形式、天理与人欲的美妙同构。

中华建筑不仅严整、理性，更具有美好的形态，特别是中国古典园林，巧夺天工，独具匠心，往往营造了宜人的场所和无限的意境和韵味。

"小天地、大自然"。中国古典园林首先长于对自然山水的模拟，"一池三山"，以小喻大，以近致远，正所谓"小天地、大自然"。

时空表现。时空表现是中国古典园林的特色之一，小桥流水、亭台楼阁，步移景异，宛若仙境。无论你走在哪一个角落，

① 罗哲文、王振复：《中国建筑文化大观》，北京大学出版社 2011 年版。
② 潘谷西：《中国建筑史》，中国建筑工业出版社 2015 年版。

你都能体会其美景妙趣。中国古代造园者往往花上十余年精心布置自己的方寸之地以求心境上的归宿。

点题，使中国的园成为文学之园，古代私家园林又多为隐逸文化的缩影，园林的建造往往是由屋主或文人指导工匠完成。明朝御史王献臣官场失意而造"拙政园"，取"拙于政而精于园"之意。园内"与谁同坐轩"，轩名出自苏东坡词《点绛唇》："与谁同坐？清风，明月，我"，耐人寻味；而临池而建的"留听阁"阁名则取自李商隐的《宿》："秋阴不散霜飞晚，留得残荷听雨声"①，残荷、雨声，渲染了伤感的气氛。②

中国造园，如刺绣一般缜密精致。雕梁画栋，细石成图，匾额楹对，窗棂透景，到处可以体味园主人的用心良苦，使游者尽享艺术熏陶。

（二）独特的中国传统建筑语言

作为东方大地上的物质建构，中国建筑有其独特的建筑语言，从整体到细部建构，不仅物态多姿，而且超然向外，寓意深刻。

1. 群体建构语言

中国古代建筑多以群体组合布局，并擅长通过院落组合的方式来实现不同的功能要求和艺术感受。"轴"与"院"可以说是中国古代建筑群体组合的典型语汇。

（1）"轴"的运用。基于"择中观"，中国传统建筑在群体组合中多以中轴对称的院落组合形态表现，故宫可谓典型的案例。首先是伦理的秩序，轴、院、殿、门形成严整的等级秩序，故宫三大殿中，太和殿是最高等级；其次是秩序之中的礼乐和谐，活泼、婉约的乾隆花园为严肃的宫廷生活增添了天然意趣，

---

① 程郁缀：《唐诗宋词（第二版）》，北京大学出版社2012年版。
② 刘珊：《苏州园林》，江苏人民出版社2014年版。

建筑与环境的协调配合，达到了"逸其人、因其地、全其天"①
的效果（见图1-2）。

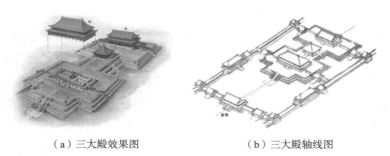

（a）三大殿效果图　　　　　　（b）三大殿轴线图

图1-2　群体建构语言

图片来源：（a）李乾朗：《穿墙透壁——剖视中国经典古建筑》，广西师范大学
出版社2009年版；（b）刘敦桢：《中国古代建筑史》，中国建筑工业出版社1987年版。

（2）"群"与"院"的布局。除了地形的限制外，传统上一
般在基地周围三面（一般除南向）或四面各修建单体建筑，中
间形成院落，面向南的建筑为正房，一般高且大于两侧建筑，基
地周围由围墙环绕，形成内向空间。"这种对称和封闭的空间布
局形式适合于封建制度下的思想观念和生活方式，并能满足安
静、遮阳、挡风等不同功能要求。"②

"对于功能较多，内容比较复杂的建筑群，其中一种总平面
是先有一个总体的轴线，然后再向两侧延伸，形成三条或五条并
列轴线，基本单元为庭院形制。另一种方式是以一个中心点，向
互相垂直的两个方向散发轴线，一般用于比较庄重严肃的场所，
如明堂、辟雍、天坛、社稷坛、地坛以及陵墓等。"③ 沿着一条
纵深路径来布置建筑物和庭院的方式，可以让观游者循序渐进，

① ［唐］柳宗元：《永州韦使君新堂记》。
② 王蔚、恩隶：《中国建筑文化》，时事出版社2011年版。
③ 潘谷西：《中国古代建筑史》，中国建筑工业出版社2003年版。

在建筑物和庭院的穿梭中得以长卷一般的空间感受，并在终点时达到某种境界——或敬畏、或悠然、或肃穆，这正是中国建筑群体布置特有的艺术手法。

"可以说，以群体组合的中国古代建筑形象宛如一幅纵深的画卷，只有按照其路径进行游览，才能感觉其内在的空间变化，了解其全貌与高潮所在。"① 这种含蓄、神秘的处理手法与西方建筑群的直白有很大差别，这与中华民族谦虚、内敛、含蓄的传统美德不无关系。

2. 单体营建语言

"墙倒屋不塌。"中国的木构建筑可以用"墙倒屋不塌"来形容，建筑的主要支撑来自由梁枋、柱网所组成的框架，墙只是起到隔挡的作用。例如，抬梁式木构架建筑的构造为："首先以柱和梁组成构架为核心基础，数层重叠的梁架要每层缩短、逐级加高，最上层梁上立脊瓜柱形成折举，各层梁头上和脊瓜柱上承檩，并在檩间密排并列椽，构成屋顶的骨架。"② 由于屋顶的重量全部集中在梁柱体系上，所以墙体不必要分担承重的作用，门窗的开辟就非常自由，墙体的形式也可以灵活多变。

三种木构架形式。由梁、柱所组成的建筑木构架主要有三种形式：抬梁式、穿斗式和井干式（见图1-3）。穿斗式构架柱子的木材较细而数量多，因此柱间距较密，一般用于住宅；抬梁式构架用柱粗大，室内空间少柱，多用于大型宫殿。有别于前两种形式，井干式构架的墙为承重墙，因此耗材多，但保温性好，多用于北方林木茂盛的寒冷和严寒地区。

院落的功能与伦理。建筑单体的营建首先体现了功能理性，建筑承载着大家庭的各种生活功能。传统的合院是典型的住居形式，包括四合院、三合院等。合院沿着中轴线可以为一进或多进。

① 刘敦桢：《中国古代建筑史》，中国建筑工业出版社1987年版。
② 王蔚、恩隶：《中国建筑文化》，时事出版社2011年版。

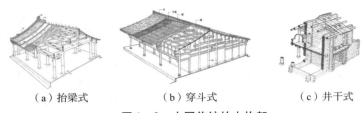

（a）抬梁式　　　　　（b）穿斗式　　　　　（c）井干式

图1-3　中国传统的木构架

图片来源：赵广超：《不止中国木建筑》，生活·读书·新知三联书店2006年版。

房屋按伦理、辈分秩序分主次，使尊卑、长幼、男女、主仆之间有明显的区别。例如，典型的北京四合院，坐北朝南的为正房，级别最高，供长辈居住并会客使用，以示一家之长的威严与"慈"及全家的福荫；东西厢房则是晚辈的住处，示其"孝"。北向房屋通常用作男仆的住所或仓库。北方的院落、南方的天井，则是户外家居生活的理想场所，不仅是活动的聚集，也是人与自然对话、建筑与自然交互的场所（见图1-4）。

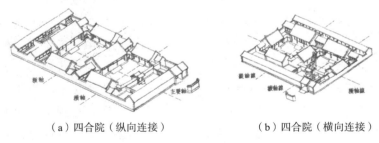

（a）四合院（纵向连接）　　　　　　（b）四合院（横向连接）

图1-4　四合院及其组合方式

图片来源：刘敦桢：《中国古代建筑史》，中国建筑工业出版社1987年版。

　　"凡屋有三分"。建筑单体多为三段式构图，所谓"凡屋有三分"①（根据北宋沈括在《梦溪笔谈》中记载，为北宋喻皓所

---

① ［北宋］沈括著，崇贤书院释译：《梦溪笔谈》，新世界出版社2014年版。

著的《木经》中的文字），《木经》严格地规定了木构架中各部分、各构件之间的比例、尺度。"凡屋有三分"，是指把建筑结构分为上、中、下三个部分，上为屋顶，中为屋身（包括墙、柱、构架等），下为台基。按照尺寸比来安排构件，注意各部分之间的协调，这种营建策略无论从实用还是审美角度来看都很睿智。宋朝的《营造法式》、清朝的《工程做法则例》等中国古典的建筑规范也体现了高度的秩序、范式，进而实现了建筑结构的标准化。

凹曲屋面。"凡屋有三分"，也同时象征天、地、人之和合。屋顶凹曲，反宇向阳，寓意乾坤概念，宇即天，在地、人之上。关于凹曲屋面的生成有若干种说法，如幕帐说、仿生说、构造说、功能说等。有人认为，基于功能、构造考量的抬梁式木构件，其排水、纳阳是个很重要的原因，凹曲屋面符合数学上的"伯努利"原理，斜向凹曲屋面有利于形成最速降线，可以比斜向直线更为迅速地排除雨水（霤远），同时，反宇的屋顶有加长日照时间、加强空气流通的功能。

巧夺天工，飞檐走壁。中国传统建筑在满足功能性的前提下也兼顾了艺术性。"建筑物的平面以矩形、六角形、八角形和圆形等为基本原型，经过功能的需要产生不同的组合方式，例如矩尺形、十字形、正字形等各种丰富多彩的形式"[①]；为了避免木结构易被水侵蚀和破坏，中国古代建筑大部分都有高起的基座，并因不同建筑的功能要求和政治性、艺术性要求而有所变化，例如宫殿建筑的台基就非常高大，形式多样，而住宅的基座就比较低平，形式比较简单；像上文所说，鉴于屋顶排水的要求，古代匠师采用了"折举"的方法，让屋角起翘，这种形式也同时满足了人们的审美要求，使屋顶形似鸟的翅膀。

"样房"和"算房"。对于建筑单体的设计施工，不同朝代

---

① 王蔚、恩隶：《中国建筑文化》，时事出版社 2011 年版。

也发明了不同的方法，中国古代建筑的设计图，通常将平面图与立体图结合在一起，这样看得十分清楚。匠师们绘制图样、标注尺寸，然后再做烫样（建筑模型）。明代出现了"工部营缮所"来负责设计，清代还分"样房"和"算房"，"样房"负责设计，"算房"编创各工种做法和估价工料，比较著名的有"样式雷""算房刘"① 等。

3. 细部建构及其意义

在土木建构的房屋中，"宇""井""土木"都有其美好的象征意义（如前述）。除此之外，还有"柱""斗拱""门""墙""亭""廊""桥"等，不仅有实际功能意义，也具有象征意义。

（1）"井"的意义。"井"，在中国古代代表着居住。所谓"背井离乡"，意指某种生活方式。"井"，还有无私、通达、仁慈、坚贞、高尚等美好的品格和德性，用来表达一种具有乡土文化情结的生活式样和"居住"的意象。古有"八家共一井"之说②，代表了井田制的生活模式。

井，作为城市聚落的指代，有市井、井里、万井、乡井的含义；作为房屋的指代，有井屋、井庐、井干、宅院、天井（庭院）之意。③ 井，在现代建筑中演绎为中庭空间，井文化，是现代设计的文化性主题之一。

天井的概念及其演绎。"天井"一词，原指四周高、中间低的地形。"凡地有绝涧，天井，天牢，天罗，天陷必亟去之，勿近也。"④ 天井的功能有很多，如纳阳、聚气、排水、通风等。天井内的聚水池及太平缸（鱼缸），可用来养鱼、观赏，也可用来贮水、灭火，"四水归堂"则赋予天井以大"聚"的风水意义。

---

① 王蔚、恩隶：《中国建筑文化》，时事出版社2011年版。
②③ 吴裕成：《中国的井文化》，天津人民出版社2002年版。
④ 陈曦译注：《孙子兵法（精）——中华经典名著全本全注全译丛书》，中华书局2011年版。

（2）"斗栱"的意义。斗栱最早的形象见于周代铜器。斗栱，位于建筑的柱子之上、屋架之下，用来解决垂直和水平两种构件之间的重力过渡，将屋面的大面积荷载经过斗栱传递到柱上（见图1－5）；斗栱又有一定的装饰作用，在屋顶与立面之间形成空间过渡。"此外它还是建筑的尺度标准与封建时期建筑等级制度的象征。"① 斗栱是中国古代建筑独有的构件，清代工部的《工程做法则例》用了大幅的篇幅来列举30多种不同斗栱的形式。

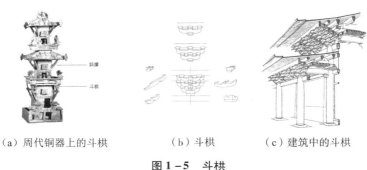

（a）周代铜器上的斗栱　　（b）斗栱　　（c）建筑中的斗栱

图1－5　斗栱

图片来源：赵广超：《不止中国木建筑》，生活·读书·新知三联书店2006年版。

"在结构上，斗栱作为过渡构件，承托屋顶重量后向下过渡到柱或梁枋上面；向两边延伸，通过将力转移到柱从而减少梁枋所受竖向压力，增加开间宽度；向内逐级减小，支撑天花藻井，向外承托屋檐，使出檐达到最大的限度，从而保护屋身少受雨水侵蚀。"② 斗栱是整个建筑中重复率最高的构件，斗上放栱，栱上置斗，斗上又放栱……如此重复，虽千篇一律但变化丰富，可以根据不同需要而自由组合，这样同时也可以让斗栱像弹簧垫一

---

① 潘谷西：《中国古代建筑史》，中国建筑工业出版社2003年版。
② 赵广超：《不止中国木建筑》，生活·读书·新知三联书店2006年版。

样承托屋顶，一旦遇上地震，也可以抵消大部分的力。

从斗栱的出现，经过两晋、南北朝到唐朝，样式逐渐趋于统一，工匠们将斗栱的基本尺度发展为周密的模数制（类似于现在的模数制和预制构件），就是宋《营造法式》所谓的"材"，这样既简化了建筑设计的手续，又便于估算工料和提高施工速度。

刘敦桢先生说："在中国封建社会，官式建筑通过斗栱层级的多少来表示建筑的等级，并且由于等级制度，只有宫殿、官邸、寺庙等高级建筑才允许在柱上放置斗栱，斗栱便成为了制定建筑等级的标准之一。"①

中国古代的斗栱，既实现了力学与美学的交互构成，又代表了一种具有标志意义的传统符号。笔者在研究中还发现，中国古代的斗栱体现了分形的组织结构，可谓"无意识分形"建构。②

（3）"柱"的意义。"柱"，起源于原始的天文仪器"杆"，用于通天敬神。这里，柱代表了尊贵和王权，普通民众是不可行此仪式的。柱后来演绎为帝王的象征，寓意天、地之间的神柱。

在文化概念上，"柱"通主，如神主、洞主、宗主等称谓。古代有男性祖先崇拜、生殖崇拜之意。有"宗"，则必先有"祖"，代表宗主权、夫权，少数民族在村落中的"社木"、图腾柱即是如此。柱的表现形式有碑、表、圭、碣等，"在建筑中也通过'柱'的象征意义建立了天、地、人（王）的关系"③。

柱早在原始社会的半穴居建筑中就有了承重意义。在古代建筑中，柱主要分为内柱和外柱，并出现了各种形态，如圆柱、方柱、八角柱等。魏晋至元代流行梭柱，梭柱上下收分，中间粗两

① 刘敦桢：《中国古代建筑史》，中国建筑工业出版社 1987 年版。
② 李世芬、孔宇航：《混沌建筑》，载于《华中建筑》2002 年第 10 期。
③ 黄坚：《中国传统木构建筑柱础艺术与文化研究》，湖南大学硕士学位论文，2010 年。

头细。一方面，对柱子来说，两段收分会让原本粗重的构件显得轻盈、精致；另一方面，在人仰视的视角下，柱子上端收分较大会显得更高，从而使建筑显得高大。

（4）"墙"的意义。"墙，有屏障、围护之意义和功用。"①《尔雅》曰："墙，谓之墉。"② 在古代典籍中，墙有墉、壁等称谓。古代多以土筑墙，砖也源于土，故称谓中多有土字旁。

墙的功能，一是限定与分割，二是屏障，三是聚集。从人与自然的关系来说，墙是人类在自然中限定空间居所的构筑物。限定形成屏障，提供了人的领地，具有保护意义，可以防虫兽、御敌；同时，人的聚集形成中心，得以安居。没有顶的围合，便构成了院落，院落与自然仍然是和合的关系。

"人之有墙，以蔽恶之"③，古书没有将"承重"列入墙的功能，是因为柱是主要的承重构件，墙是作为围护的作用出现的。不仅在建筑中，以"一座建筑是由一堵墙壁所围成的房屋组成"的概念来说，院墙是一家之地的分隔，古代城市所筑的城墙，则是一座城的外围，而长城"作为一个国家的'墙'，来围护祖国大地"④。

粉墙黛瓦，是江南传统民居的范式；深宫大院，则是皇家生活的写照。小到家屋之墙，院落之墙，大到宫墙、城墙、长城，墙的尺度伴随其功能而有所变幻。在阶级社会中，墙的大小与等级和地位相联系。"《辞海》中，墙也有门屏的解释，因为中国古代建筑的外墙大部分由门窗组成，透而轻，室内的木制屏风，也类似于现在的活动式隔墙的概念。"⑤ 有些建筑，会在柱间用砖石泥土砌筑一座矮墙来强化结构。发展到明代以后，考虑到经

① 尹文：《说墙》，山东画报出版社2005年版。
② 管锡华译注：《尔雅（精）——中华经典名著全本全注全译丛书》，中华书局出版2014年版。
③ ［春秋］左丘明：《左传》。
④ 赵广超：《不止中国木建筑》，生活·读书·新知三联书店出版社2006年版。
⑤ 夏征农、陈至立：《辞海》，上海辞书出版社2009年版。

济及防火问题，山墙一般全都用砖石砌筑，徽州建筑的风火山墙就是其中一个例子。

在功能之外，墙又具有特殊的意义。高墙大院、伦理其中，墙内墙外，男女不亲，是封建秩序中不可逾越的屏障，"红杏出墙"表达了对"逾越"行为的摒弃。万里长城，则成为国家机器的象征，神圣而不可侵犯。

墙最舒展的场所在园林之中。小天地、大自然的江南园林正是由墙来界定，但这种界定，不仅仅是隔绝，也往往借助景窗渗透、框景，形成吸引视线、引导人流的效果，隐约昭示着墙内所暗藏的亭台楼阁、小桥流水之意境。墙的布局、方向限定，引导着空间和视线，各种形式的花窗活跃着墙的形态，从而形成丰富的门墙文化。

（5）"门"的意义。门墙文化是中国传统建筑的典型特征之一，门与墙又是表达文化的重要建构元素（见图1-6）。

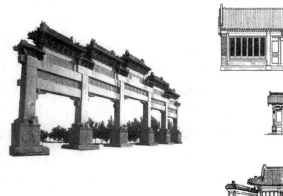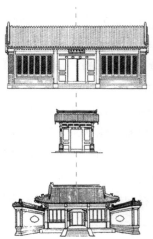

（a）中国传统的牌坊　　　（b）中国传统的门与墙

图1-6　门墙文化

图片来源：赵广超：《不止中国木建筑》，生活·读书·新知三联书店2006年版。

门是建筑或建筑群的出入口。对应建筑的类型，门也有若干类型，如城门、殿门、宫门、庙门、院门、宅门等。北京故宫遵循"五门"之制（皋门、端门、午门、太和门、乾清门），其中太和门作为当朝正门，级别最高。在更大尺度上，保卫国家的门，叫作"关"，如中国境内，从东面的山海关到西边的嘉峪关，关关固防，守家卫国。

墙上开门，不仅意味着通行，还有开放、交流之意义。门的大小、开闭程度，往往形成不同的交流引导，所形成的空间和场所感也各有千秋。

在古代，没有屋檐的门谓之"阙"，阙是脱离建筑独立存在的，古代一般放置在陵墓的入口处，现代则作为传统的一种符号而应用于各种场合。

一座只有门的建筑叫作牌坊，牌坊一般放在村子、寺观甚至一座山的入口处，它不仅是一个地理上的入口，更是文化的入口。

门有其特殊的形式、内容、意义。如象征历史、文化，作为国家、城市的象征符号，作为家族象征，有门风、门望、门当户对、门诛等内容。"与此对应，中国传统民居之门也有着丰富多彩的形式，挂于门边的对联也寄托着吉祥意义。"①

（6）"亭"的意义。"亭，停也，人所停集也。凡驿亭，邮亭，园亭，并取此义为名。"② 秦汉时期，亭乃乡以下的一种行政机构，《汉书·百官公卿表上》载："大率十里一亭，亭有亭长，十亭一乡。"城市中有街亭、都亭，城楼上有旗亭，交通干道处有驿亭，当时的亭均以实用为主。③

三国时期，已出现用于风景园林的亭。此时，其游赏性质作

① 吴裕成：《中国的门文化》，中国国际广播出版社 2011 年版。
② ［东汉］许慎：《说文解字》，吉林美术出版社出版 2015 年版。
③ 覃力、张锡昌：《说"亭"》，山东画报出版社 2004 年版。

用已为主导。吴国有"劳劳亭"——"过江诸人，每至美日。辄相邀新亭，藉卉宴饮"①。

隋唐时期，观赏用的亭子开始在园林中出现。隋朝名园"绛守居园池"，有十余小亭，谓之"亭园"。唐玄宗李隆基为杨贵妃建"沉香亭"，为重檐攒尖顶，方亭。② 唐朝还出现了特殊趣味的亭，如自雨亭、"流杯亭"（"曲水流觞"）等。宋朝园林发展进入成熟阶段，出现桥亭，洛阳苗师园中有记载"池中有桥与轩相对，桥上又建有亭"，供人休息和造型之需。

明清时期是中国古典园林发展的巅峰时期，园林中亭的数量居其他朝代之首。"亭类型更加丰富，趋于典型程式。出现双亭，半亭，组亭，造型精巧。"③ 在《园冶》《工程做法》等园林建筑论著中都有关于亭的叙述。

亭的形式丰富［见图1-7（a）］，按功能性质分为路亭、井亭、桥亭、碑亭和纪念亭、乐亭、钟鼓亭、流杯亭等各种类型，深入水中的亲水亭称为"榭""水榭"。

亭，上有顶，下有地，四面或三面空灵，飞檐起翘，亲水向风，因此与自然交互充分，妙趣自生。闲坐小亭，鸟语、花香、清风，万物汇集亭中，不仅诗意、惬意，是为场所之意义［见图1-7（a）］。

"廊"，可谓扩大之亭，在休闲、空灵之外，又多了连接功能和场所意义［见图1-7（b）］。"桥"，飞跃水间，由此岸向彼岸，又多了象征的意义。④

---

① 卢仁：《园林析亭》，中国林业出版社2004年版。
② 覃力、张锡昌：《说"亭"》，山东画报出版社2004年版。
③ ［明］计成著，李世葵、刘金鹏编著：《园冶》，中华书局出版2017年版。
④ 本书图片除具体标明来源的，其他均由作者收集提供。

北式　　　南式
（a）亭　　　　　　　　　（b）廊

图 1 - 7　亭与廊

图片来源：（a）：http：//www. lvyougl. com；（b）：http：//news. ifeng. com。

二、现代探求：走向新建筑

（一）中国现代建筑起源及发展

中国古代建筑，凝聚了中华先贤的智慧，具有灿烂的文化和卓越的成就。传统建筑不仅具有科学的结构体系、精美的建筑形式，更具有深刻的文化内涵。从建筑群体到单体，乃至到园林景观，中国古代建筑作为东方建筑的典型，风格鲜明、独树一帜，影响到东南亚多个国家。

19 世纪中叶是世界现代建筑的发源和成长时期。西方列强的侵略给中华民族带来深重灾难，同时，伴随着国门打开，发展着的西方新型现代建筑体系也被引进中国。1894 年起，西方建筑师开始进入中国。20 世纪之后，外来建筑的输入加大了规模，也加快了进度，这一过程促进了中国第一代建筑师的诞生，也使得中国建筑师脱离了传统的营造匠人角色，以全新的建筑师身份登上历史舞台。

1906 年，中国建筑教育起步；1910 年，第一批建筑学留学人员归国；1919 年的五四运动，促动着以"民主"和"科学"为先导的现代"新文化"在中国生根；1920 年，第一批中国建筑师事务所兴起，并建立了建筑师学会①，奠定后世基础的一代建筑先驱出现了。至 1920 年，各种具有现代建筑内涵的建筑活动在大城市逐步展开，所有全新的建筑类型开始出现。教堂建筑是最早出现的建筑类型，此后，办公/银行类建筑、火车站之类的交通建筑、旅馆和公寓类建筑伴随着国际业务往来的频繁而出现，学校类建筑随着现代高等教育兴起而开始修建，居住类建筑顺应新型生活方式而生。

中国早期现代建筑的开端，源于外国建筑师将一些萌芽中的时尚趣味融入中国现代建筑中。沙俄和德国建筑师几乎与欧洲同步将新艺术风格的建筑引入中国。随着机器美学的发展，装饰派艺术建筑也来到中国，并在上海、天津等大城市留下许多重要的建筑实例。

这一阶段建筑风格的多样化体现在以下方面。首先，西洋的新古典主义和折衷主义建筑盛行，中外建筑师都参与了这种建筑风格的推行，或是表现出初登舞台之际的设计技巧和能力，或是以此宣扬建筑拥有者的权威和实力；其次，"中国固有之形式"与西洋建筑形式并行，西方建筑师率先在中国土地上兴建了一批"中国式建筑"，是一种融入中国的文化策略，而中国建筑师采用传统建筑形式，则是出于文化本位；最后，外来的地域性建筑反映出世界各地的风土人情，出自民间，脱离了古典建筑法式约束，更活泼而有生气。

随着中国现代建筑的主动发展，一批有才华的归国建筑师开始了中国建筑的现代之路，第一代建筑师如吕彦直、杨廷宝、梁思成、赵深、陈植、童寯等，凭借娴熟的专业技能和爱国热情，对现代建筑和民族形式及其结合进行了探索。一部分人热衷于追寻现代建筑的实践，一部分人钟情于传统建筑而后转向现代建

---

① 刘亦师：《中国近代建筑发展的主线与分期》，载于《建筑学报》2012 年第 10 期。

筑，他们都是中国现代建筑的先驱。至 1937 年抗日战争爆发前，中国现代建筑体系日臻完善，风格日趋多样。

中国现代建筑的起步特征是尽量回避大屋顶，即使运用也要简化以适应新的建筑体系。随着现代建筑的后续探索，中国现代建筑逐渐向国际建筑靠近、融合，但依然带着中国建筑的种种印迹，没有被全盘西化。①

（二）新中国的建筑概况

1. 初创时期的开国兴建

1949 年，中华人民共和国成立。1949～1952 年是国民经济恢复时期，主要建设任务是恢复生活、开展生产及其配套设施。在财力有限的条件下，出现了一批后来被贬称为"方盒子"的经典现代建筑。主创建筑师多为 1949 年前毕业的建筑师，拥有美国留学经历，受教育期间正值现代建筑发展与成熟时期，他们将现代建筑原则与中国国情结合，为中国现代建筑积累了能量，留下一批优秀的建筑作品。1953～1957 年是中国的第一个五年计划时期。这一时期的居住、工业和文化类建筑取得了飞跃式的发展。

2. 首都"十大建筑"巡礼

为了迎接中华人民共和国成立十周年，政府决定在首都北京建设十项国庆工程，"十大建筑"包括：人民大会堂、中国历史博物馆与中国革命博物馆、中国人民革命军事博物馆、北京火车站、北京工人体育场、全国农业展览馆、迎宾馆、民族文化宫、民族饭店、华侨大厦。自 1958 年 9 月到 1959 年 10 月，一年时间十座建筑全部完成。② "十大建筑"代表了新中国建立最初十年的最高建筑成就，可谓建筑十年的纪念碑（见图 1－8）。虽与

---

① 邓庆坦、辛同升、赵鹏飞：《中国近代建筑史起始期考辨——20 世纪初清末政治变革与建筑体系整体变迁》，载于《天津大学学报》（社会科学版）2010 年第 2 期。

② 杨玉昆：《上世纪五十年代的首都十大建筑》，载于《北京档案》2012 年第 2 期。

（a）中国人民革命军事博物馆

（b）北京火车站

（c）北京工人体育场

（d）全国农业展览馆

（e）人民大会堂

（f）民族文化宫

（g）民族饭店

（h）华侨大厦

（i）钓鱼台迎宾馆

（j）中国历史博物馆与中国革命博物馆

图1-8　20世纪50年代北京"十大建筑"

外界隔绝，但建筑工作者们潜心开发新结构、新形式，这期间的
建筑意义远远超越事情本身，可谓当时中国十年建筑探索之路的
新方向、新起点。①

3. 苏式建筑及其他

20 世纪 50 年代，外来民族建筑形式也有许多，主要原因有
两点：一是"一五"期间与苏联合作颇多，所以体现出一些异
域风情；二是一些受外来建筑文化影响比较大的城市，异域风情
的建筑颇多。

（1）公共建筑。苏联在中国第一个五年计划的制定和实施
过程中起到了重要作用。当时的大型项目多由苏联帮助设计和安
装，大批苏联专家来到中国，在中国工程技术人员的协助下共同
工作，苏式建筑风格一度流行（见图 1－9）。

（a）苏联展览馆　　　（b）中苏友好大厦　　　（c）广播大厦

图 1－9　20 世纪 50 年代末的苏式建筑

图片来源：康巍：《断裂体验：中国当代实验性建筑师解读》，第 21 页。

北京，苏联展览馆（今北京展览馆，建于 1952～1954 年）。
当时的主要功能为苏联工艺产品、文教、艺术成就的展览。建筑
呈"山"字形，采用俄罗斯民族形式，核心主体为高大的金色尖
塔。塔顶巨大的红星、塔基四角的金亭和花瓣形的水池，使展览
馆整体呈辉煌的感觉，但建筑造价高昂，为一般大型公共建筑的 8

---

① 邹德侬：《中国建筑 60 年（1949～2009）历史纵观》，中国建筑工业出版社
2009 年版。

倍、住宅的 16 倍。①

上海，中苏友好大厦（1954～1955 年建成，建筑师：安德烈也夫、陈植）。建筑形态凸显俄罗斯风格，中部高耸的鎏金尖塔，体量层层向上，高耸入天。②

北京广播大厦。作为苏联援建的 156 项建筑单位之一，苏联提供广播电视工艺及结构、设备设计，中方建筑师严星华负责建筑与室内设计。建筑结合功能与工艺，核心突起尖塔，具有苏联建筑的韵味。③

（2）工业建筑的发展。"一五"计划（1953～1957 年）的重点是重工业建设，国家规定计划的基本任务是："集中主要力量进行以苏联帮助我们设计的 156 个建设单位为中心的……工业建设。"1953 年 5 月，中国第一座精密机械工具制造厂哈尔滨量具刃具厂开工；同年 7 月，中国第一汽车制造厂在长春开工；同年 10 月，中国西北第一座大发电厂第二发电厂落成；同年 12 月，鞍钢三大工程开工生产全面完工；1954 年 2 月，毛泽东主席亲自确定第一拖拉机制造厂的厂址在洛阳……苏联专家提供了工业建筑的经验，由于中国当时缺少建筑法规，多翻译、借用苏联的相关文件。从厂区规划到车间工艺布置、各设计阶段的技术文件编制等，都有一套完整的成熟制度。工业建筑造型、车间生活间布置、工厂绿化等，都力图体现对工人的关怀。

（3）苏式技术革新。苏联的建筑设计和施工技术，为中国提供了具体的经验。建筑设计注重总体布置和城市环境（特别是艺术环境），提倡定型、标准化设计；结构设计倡导塑性理论、砖混结构以节约钢材和水泥；施工上推广冬季施工法，等等。这对当时的中国建设产生了积极的推进意义，但由于地域性的差

———————————

①② 康巍：《断裂体验：中国当代实验性建筑师解读》，大连理工大学硕士学位论文，2004 年。

③ 邹德侬：《中国建筑 60 年（1949～2009）历史纵观》，中国建筑工业出版社2009 年版。

异，苏联建筑体系的引进也出现了水土不服和负面影响，如"肥梁、胖柱、深基础"的做法在一定程度上形成浪费。

邹德侬先生认为："向苏联学习有得有失，得在中国社会主义体制和工业建筑体系确立，失在苏联所谓社会主义建筑理论的夹生引进及其后果。"①

4. 探索中前行

一般来说，社会发展顺利，建筑进步迅速；社会发展坎坷，建筑便举步维艰。1949～1965 年，中国建筑在稳定的社会发展中砥砺前行，在工业与民用建筑各个领域取得了长足的发展。而1966～1976 年的十年"文革"期间，正常的建设基本停顿。少量的建筑活动是为了政治形式或一些必要的经济活动，诸如政治型、领域型、地域型建筑，建筑形象的政治色彩比较浓厚。

在 1949 到 1978 年间，中国现代建筑在与外界基本隔绝的状态下，在摸索中不断进步，中国广大建筑人在艰难的条件下，用智慧和汗水为后人留下了宝贵的思想、作品和经验。②

（三）典型思想、典型作品及其风格特征

1. 梁思成及其建筑理论探索

梁思成（1901～1972）是一位学贯中西的著名建筑家。少年时受到传统文化熏陶，稍长又接受了西方先进文化。1924～1928年，先后在宾夕法尼亚大学建筑系、哈佛大学研究生院完成学业，这段经历加深了梁思成对西方古典建筑以及现代建筑的认识。1932～1946 年，梁思成任营造学社法式部主任，随后创建清华大学建筑系并任主任。在抗日战争胜利后至 20 世纪 50 年代初，梁思成的建筑思想受到现代建筑运动的强烈影响。③

①③ 邹德侬：《中国建筑 60 年（1949～2009）历史纵观》，中国建筑工业出版社 2009 年版。
② 杨廷宝：《解放后在建筑设计中存在的几个问题》，载于《建筑学报》1956年第 9 期。

（1）民族形式特征的提出。1953年10月23～27日，梁思成在中国建筑工程学会第一次代表大会上提出建筑艺术有阶级性，阶级斗争常以民族斗争的形式出现，因此，在建筑中搞不搞民族形式，是个阶级立场问题。梁思成给中国民族形式建筑设立了路标。梁思成在《建筑学报》1954年创刊号上发表的论文《中国建筑的特征》中概括出中国建筑九大特征：①由台基、屋身和屋顶组成；②围绕庭园和天井；③木结构；④斗拱；⑤举折，举架；⑥屋顶占着极其重要的位置；⑦大胆用朱红色和彩画；⑧木构件交接处加工成装饰；⑨用琉璃瓦、木刻花、石浮雕、砖刻作装饰。①

（2）中国新建筑的想象图。在《祖国的建筑》一文中，梁思成直接用自己所画的两张图表达了其中国民族形式的理想（见图1－10），他试图说明两个问题："第一，无论房屋大小，层数高低，都可以用我们传统的形式和'文法'处理；第二，民族形式的取得，首先在建筑群和建筑物的总轮廓，其次在墙面和门窗等部分的比例和韵律，花纹装饰只是其中次要的因素。"② 这

（a）想象之一　　　　　　　　　　（b）想象之二

图1－10　未来民族形式建筑的想象

图片来源：邹德侬：《中国建筑60年（1949～2009）历史纵观》，中国建筑工业出版社2009年版，第24页。

---

① 梁思成：《中国建筑的特征》，载于《建筑学报》1954年第1期。
② 梁思成：《祖国的建筑．梁思成文集（四）》，中国建筑工业出版社1986年版。

两张草图似乎预言了20世纪50年代民族形式建筑以及日后追求中国传统气派的建筑风格。当然，这种形式并不完全是梁思成独创，在20世纪30年代的"中国固有之形式"探索中可以寻其根源。

2. 多元雏形：新中国建筑的里程碑

建筑作为"时代的镜子"，必然要反映新中国的自豪感并纪念这个历史性胜利。"一五"计划开始前后，民族形式建筑设计已经开始。梁思成对"民族形式"的解读以及提供的理论和形象，指出了具体的方向。具有庄严、雄伟和纪念性的中国传统宫殿式建筑所表现出的正统气派，恰好成为民族形式建筑的方便式样。新的时代促成了民族形式建筑的兴起。

（1）中国宫殿式建筑。中国宫殿式建筑是以中国古代宫殿、庙宇为基本范式的"大屋顶"模式，表现为三段构图、琉璃瓦顶和传统木构件细部装饰。整体宏伟壮观，具有强烈的纪念意义，适于表达新政权建立之后的民族自豪感和正统性（见图1－11）。

（a）四部一会办公楼　　　（b）友谊宾馆　　　　（c）南京大学东南楼

图1－11　中国宫殿式建筑

图片来源：（a）邹德侬：《中国建筑60年（1949~2009）历史纵观》中国建筑工业出版社2009年版，第25页；（b）邹德侬：《中国建筑60年（1949~2009）历史纵观》中国建筑工业出版社2009年版，第27页。

四部一会办公楼（位于北京，1954年建成，由张开济设计）。四部一会办公楼是新中国成立后首批建设的大规模政府办公楼，也是国内最高的砖混结构建筑，这是共和国第一批民族形式建筑的尝试。①

北京友谊宾馆（1954 年建成，由张镈设计）。整体传统建筑法式，比例协调，尺度恰当。采用框架及混合结构，中部设双重檐歇山绿琉璃瓦顶，是当时新中国最大的园林式宾馆，宫殿式大屋顶形式的代表作品之一。②

南京大学东南楼（1953～1955 年建成，由杨廷宝设计，面积为 7 000 平方米）。建筑坐东朝西，采用"工"字形布局，青灰清水砖墙，钢筋混凝土仿石台阶、栏杆，歇山屋顶，出檐和细部有辽代建筑遗风。③

（2）少数民族形式。将少数民族的传统形式在新的功能与技术条件下加以转换，形成建筑的核心要素。基于民族形式的探索以其独特的形象令人耳目一新，丰富了中华建筑文化的形态（见图 1-12）。

（a）新疆人民剧场　　　　　　（b）伊斯兰教经学院

图 1-12　少数民族形式

新疆人民剧场（位于乌鲁木齐，1956 年建成，由新疆维吾尔自治区设计研究院的刘禾田、周曾祚设计）。建筑师提取伊斯兰风格特征，采用独特的木柱式、变形的尖拱、细部装饰并聘请

---

①② 康巍：《断裂体验：中国当代实验性建筑师解读》，大连理工大学硕士学位论文，2004 年。

③ 邹德侬：《中国建筑 60 年（1949～2009）历史纵观》，中国建筑工业出版社 2009 年版。

民间艺人合作。因而风格独特，细部精致，可谓成功的尝试。[1]

伊斯兰教经学院（位于北京，1957 年建成，由北京市建筑设计院赵冬日、朱兆雪设计）。建筑由主楼、食堂、宿舍三部分组成，面向南横街一字排开。核心主体屋顶设计为大圆拱顶，主入口设计为高大的伊斯兰式尖拱空廊，两翼也通过檐口、柱式、栏杆等细部表达了伊斯兰文化特色。[2]

（3）域外建筑初试锋芒。新中国成立后，中国建筑师在海外的建筑活动始于 1956 年。1956 年，中国政府决定援建 14 个成套项目。到 1960 年，援助蒙古国完成了住宅、百货大楼、总工会疗养院、乔巴山国际宾馆及政府大厦扩建工程等项目。

1960 年，龚德顺在蒙古国设计了国际宾馆和乔巴山官邸等三栋高级住宅，是国内当时已经少见的现代"方盒子"形象。国际宾馆体型组合大胆，非对称形式、通长的大平台；乔巴山官邸宽厚的檐口、顶部收进的金属柱头，都是国内 20 世纪 80 年代才开始使用的手法。1961 年，龚德顺又为蒙古国设计了乌兰巴托百货大楼，根据蒙方要求模拟北京百货大楼，建筑的立面构图、比例和平门都很相似。1963 年，为纪念古巴在吉隆坡反击美国登陆战役胜利，国际建协受委托举办竞赛，在 20 个方案中，龚德顺的设计方案获荣誉奖。[3]

（4）"文革"期间的建筑。"文革"期间，在国家层面要求贯彻"适用、经济、在可能的条件下注意美观"，执行中具体为两个内容：一是"突出政治"；二是"突出节约"。政治建筑表现政治的手法大体分两类：一是形象的明喻；二是数字的暗喻。[4] 例如中华人民共和国成立 20 年之际在四川成都建设的毛泽东思想胜利万岁展览馆，是"向毛主席敬献忠心"的"忠"字工程；长沙展览馆和清水塘展览馆运用"红太阳"的比喻，呼

---

[1][2][3][4]　邹德侬：《中国建筑 60 年（1949～2009）历史纵观》，中国建筑工业出版社 2009 年版。

应长沙是"太阳升起的地方"。①

"文革"期间,有一些特定部门、领域和建筑类型得天独厚,如体育、外事及其他领域的建筑类型(见图 1 – 13)。

(a)北京体育馆　　　(b)北京国际俱乐部和　　(c)斯里兰卡国际
　　　　　　　　　　　　友谊商店　　　　　　　会议大厦

图 1 – 13　"文革"期间的建筑

北京体育馆(建于 1966 ~ 1968 年,由北京建筑设计院张德沛、熊明等人设计)。这是一个外表比较简单的建筑,但由于创作环境的限制,建筑师只能力求完善。建筑造价 1 500 余万元,比预计节约 200 余万元。②

北京国际俱乐部和友谊商店(建于 1972 年,由北京市建筑设计院马国馨等人设计)。建筑平面采用庭院式布局,外观在当时属于新颖、活泼的造型,高低错落、虚实有致,显出俱乐部建筑开朗的性格。③

杭州机场候机楼(建于 1971 ~ 1972 年,由浙江省建筑设计院张细榜、黄琴坡等人设计)。建筑为简单的"一"字形平面,与北京首都体育馆相比,具有共同的时代特征。④

斯里兰卡国际会议大厦(建于 1964 ~ 1973 年,由建设部建

---

①　邹德侬:《大风大浪中的建筑进步——新中国建筑的第一个 30 年(1949 ~ 1978)》,载于《建筑学报》2009 年第 9 期。
②　荆子刚:《回忆北京体育馆的初期建设》,载于《体育文史》1997 年第 1 期。
③　邹德侬:《中国建筑 60 年(1949 ~ 2009)历史纵观》,中国建筑工业出版社 2009 年版,第 79 ~ 80 页。
④　邹德侬:《中国建筑 60 年(1949 ~ 2009)历史纵观》,中国建筑工业出版社 2009 年版,第 81 页。

筑设计院戴念慈设计）。戴念慈提出的初步方案借鉴了该国康提古都的传统建筑形式，并在此建筑讨论过程中阐述了对民族风格的看法。[①]

三、概念、缘起与特点

（一）概念与特征

1. 本书内容的时间范畴

本书研究范围的时间限定在 1979 年至今。1978 年 12 月召开的十一届三中全会实现了新中国成立以来的历史性转折，开启了新中国改革开放的历史新时期。

时间范畴的限定基于以下两个原因：一方面，从中国建筑文化的发展来看，随着社会转型和城市建设的繁荣，建筑的需求数量不断扩大，建筑的类型、尺度不断拓展，与之对应的问题也日益凸显出来；另一方面，经济飞速发展，建筑文化越来越受到重视，建筑作为文化传播和传承的重要载体得以大量产生和发展。截至目前，改革开放已经 40 年，中国建筑文化不仅在整体上形成典型特征，而且每隔 10 年都有比较大的飞跃，也有相应的标志性建筑作品呈现。

2. 改革开放以来中国建筑文化具有典型特征

随着改革开放的深入，中国的政治、经济与社会生活发生了历史性的变革，建筑设计领域也经历了空前绝后的变化。相对来说，这一时期中国建筑文化比以往任何时期都更加丰富多彩并具有鲜明特征，是具有典型性的建筑发展时期。

---

① 邹德侬：《中国建筑 60 年（1949～2009）历史纵观》，中国建筑工业出版社 2009 年版，第 82 页。

在此，笔者尝试对1979年至今的中国建筑文化进行较为全面的梳理和展示，通过对整体建筑文化态势、建筑创作的理论、观念、方法及其演变形态进行相对系统的研究，结合具体理论、作品进行解析，试图为国内外大众以及专业人士提供一个相对整体的画面，以助于了解中国新时期建筑文化的轮廓，并通过一系列视角了解典型建筑师、典型作品的风格及其生成环境特点。同时，在观念和方法层面加以提炼，试图为国内外建筑学者、建筑爱好者提供参考。

（二）本书的缘起与特点

本书的写作，首先源自《中国道路》丛书编委会的盛情邀请，能够参与这一"十三五"国家重点出版物出版规划项目，笔者感到非常荣幸；其次，新时期建筑文化在40年的演绎和积累中已经形成了鲜明的特色和骄人的成就（尽管还存在一些问题），值得国内外大众和业界学者了解和关注；最后，主笔者自1990年以来，长期关注和探索新时期中国建筑创作，在这一领域已经形成了一定的积累，借此机遇进一步梳理有关的理论、作品和文化脉络，不仅深化、拓展了研究内容，更重要的是这一课题也是一个深入学习的过程。

本书的主要内容是新时期中国建筑文化形态。在整体梳理和场景展示的基础上，通过一系列建筑学者、建筑作品的分析，梳理出相对清晰的脉络，提炼出典型的观念、方法、特征，并尝试分析问题、寻求对策。全书共分为三个部分：

第一部分为新时期建筑文化及其环境概况，包括第一、第二章。第一章介绍了课题的背景和缘起、界定研究概念与范围，围绕建筑文化的概念、特征以及中国传统建筑的理念与特征展开论述，并简要梳理了改革之前新中国建筑文化的概况。第二章阐述了经济变革中的市场诉求、新时期多元文化思潮的交融、建筑创作理论与主体观念的转化，并特别介绍了党的十八大、十九大以来中国建筑文化的转折性提升情况。

　　第二部分为新时期建筑理论与实践创新介绍，包括第三、第四、第五章。第三章主要介绍新时期建筑理论的拓展与创新；第四章围绕本土建筑师的创作实践展开讨论，以建筑师的代际传承为背景，基于多元化的创作态势，选取具有代表性的新时期典型建筑，对其观念、方法给予介绍和解读；第五章选取典型外籍建筑师在中国的创作进行讨论，探讨域外来风之异质建构。

　　第三部分为针对新时期建筑创作的理性思考（第六章），探讨当下的问题、契机与突破途径，并尝试提出走向多元、走向世界的策略。

　　尽管本书试图全面、客观地反映新时期的建筑文化全貌，但由于信息渠道以及时间、精力水平等原因，依然留下一些空白，有些卓越的成就，优秀的建筑师之思想、作品未能在此一一体现，从而在内容上难免挂一漏万，在此还请有关人士及广大读者给予理解。

第二章

改革开放中的文化变异

1978 年，中国社会发生转型性的重大变化，政府工作重点转移到社会主义现代化建设，并由计划经济转向市场经济，文化领域随之走向开放和繁荣。

一、千古奇遇：市场诉求与环境软化

改革开放以来，国家整体环境宽松，建筑创作中的政治、文化环境和物质条件都有很大的改善。

随着建筑学会若干专业学术委员会的恢复和筹建，以及《建筑学报》等杂志的复刊和创建，各种学会活动持续开展，研究内容也不断深化，建筑文化不断走向繁荣。

"建筑与文化国际学术讨论会"的组建。1989 年 11 月 6 日，由湖南大学、《华中建筑》编辑部等团体联合举办的"第一次建筑与文化学术讨论会"在长沙岳麓书院召开，"从文化高度鸟瞰，探索中国建筑发展的道路"[①]。至 2016 年，"建筑与文化国际学术讨论会"已连续举办了 16 次。学会不仅有学术讨论，还

---

① 高介华主编，李晓峰、柳肃、谭刚毅副主编：《全国建筑与文化学术讨论会年鉴（1989～2009）》，2007 年 11 月。

组织出版《中国建筑文化研究文库》，留下一系列鸿篇巨制，齐康院士评价"这是一项伟大的事业"。

"中国民居建筑学术年会"的举办。1988 年，华南理工大学陆元鼎教授倡议、发起"中国民居建筑学术年会"，近年来在建设部中国传统民居委员会及会长陆琦教授（华南理工大学）等领导的倡导、组织下，每年举办一次活动，至 2017 年已连续举办了 22 届年会。年会围绕"传统聚落、乡土建筑的保护、更新与文化传承"等主题展开持续性研究，并紧密结合时代和国情，组织活动和学术著作出版，促进了中国乡土文化的繁荣。近年来，在民居研究的地区覆盖面、聚落关注、谱系研究以及现代科学方法等层面不断深化，研究和活动的国际化程度也越来越高。

1987 年 4 月，中华人民共和国成立以来首次建筑评论专题会议在江苏召开；同年 6 月，中国建筑学会建筑创作委员会在北京举办"当前世界建筑创作发展趋势学术讲座"，建筑文化问题日益受到重视和关注。[①]

中国环境行为学会（EBRA）的成立。1993 年，由哈尔滨建筑大学（现哈尔滨工业大学）常怀生教授、中国建筑工业出版社总编杨永生先生倡议，在吉林市召开"全国建筑学与心理学学术研讨会"（被称为中国、环境行为学会的首次会议）。会议主要由国内各建筑院校（哈尔滨工业大学、同济大学、东南大学、天津大学、大连理工大学等）环境心理学任课教师参加，针对环境行为学、环境行为学教育做了交流。1996 年，第二届研讨会在大连理工大学召开，中国环境行为学会正式成立，隶属中国建设教育协会。1998 年，"中日环境行为学会研讨会"在青岛建筑工程学院召开（第三届会议）。2000 年，"首届国际环境行为研

① 邹德侬：《中国建筑 60 年（1949～2009）历史纵观》，中国建筑工业出版社 2009 年版。

究学术研讨会"在东南大学召开（第四届会议）。① 截至 2016 年
第 12 届学术交流会，学会已成立 20 周年。在现任会长陆伟教授
（大连理工大学）的倡导、组织下，学会每两年举办一次活动，
内容与主题贴近现实，深化、拓展了人类行为与环境和谐共处、
依存融合的科学方法。

　　世纪之交。随着市场的繁荣，国内外学术交流也不断加强，
中国建筑界在世界的地位不断提高。1999 年 6 月，国际建筑师
协会第二十届"世界建筑师大会"在北京召开，100 个国家
6 000 位与会代表围绕"21 世界的建筑学"深度交流，吴良镛院
士宣读《北京宪章》，提出了广义建筑学的方法论，强调集建筑
学、地景学、城市规划学"三位一体"的综合性，倡导技术、
人文的结合及其多层次、多元性和建筑的循环体系。②

　　中国共产党的建设方针，由改革以前的"实用、经济，在可
能条件下注意美观"，转为新时期"实用、经济、美观"，规范
了建筑创作的指向，通过各种创作竞赛、招投标活动鼓舞了建筑
师的创作热情；党的十八大以来，引入、强化了"生态"方针，
在国家层面明确了可持续发展的导向。与 1992 年联合国环境与
发展大会相呼应，中国政府相继颁布了绿色建筑的相关法规，并
开始绿色建筑设计与施工管理项目星级认定。

　　1980 年 7 月，国家建筑工程总局颁发《优秀建筑设计奖励
条例（试行）》，自此开始，"全国中小型剧场方案设计竞赛"
（1980）、"全国农村房屋设计竞赛"（1981）、"全国中小学建筑
设计方案竞赛"（1985）、"全国大学生建筑设计竞赛"（1985），
村镇住宅、文化馆、旅馆等各种类型的建筑竞赛相继展开，学术
研究开始活跃起来，并推进了建筑文化的发展。1980 年 12 月，

---

① 陆伟：《我国环境—行为研究的发展及其动态》，载于《建筑学报》2007 年
第 2 期。
② 吴良镛：《广义建筑学》，清华大学出版社 2011 年版。

国家建工总局颁发的《建筑科学研究成果奖励试行条例》，开启了建筑科学研究的大门。

"现代中国建筑创作研讨会"（CCAF）的发起。由中国建筑创作小组发起、组织的"现代中国建筑创作研讨会"（CCAF），于1985年5月在武汉召开首届会议，至2016年，研讨会活动已经进行了23届。王兴田先生主持的研讨会聚集了设计行业的精英，不仅深度交流创作思想、方法和经验，也活跃、推进了中国建筑文化。有关学者自2005年开始选编当代中国建筑师作品选，不断出版、推出典型作品。① 2016年出版的《建筑2013~2016》（孔宇航主编）精选当代具有反思精神的建筑师作品，以特定视角透析了中国当代建筑的走向、脉络和创作手法。②

国家层面对农村、城市住宅及其多样性，对室内设计、城市雕塑及历史文化名城规划（1983年）开始关注，2000年以来对历史文化名镇、名村也开始了保护的导向与措施。

设计行业的体制改革。1984年6月，建设部科技局颁发《关于开发研究单位有事业开支改为有偿合同制的改革试点意见》。自此，设计单位开始打破"大锅饭"体制，向企业化转型，允许集体和个体所有制并存。1985年1月，第一个中外合作经营的事务所——"大地建筑事务所"成立。这一变革调动了设计人员的积极性，也活跃了设计市场。③

建筑教育不断发展和加强。1983年以来，建设部开始加强对建筑学与城市规划等专业的教材建设，同时在建筑教育的思想、模式及发展方面不断深化。

经济变革中的市场诉求。随着经济的复苏，对各类建筑的需

---

① 孔宇航、王兴田、孙一民：《建筑2012：当代中国建筑创作论坛作品集（1~3）》，大连理工大学出版社2013年版。

② 孔宇航：《当代中国建筑师作品选集：建筑2013~2016》，江苏凤凰科学技术出版社2016年版。

③ 邹德侬：《中国建筑60年（1949~2009）历史纵观》，中国建筑工业出版社2009年版。

求量日益增加，居住、生产、公共设施等各种类型的建筑大量建设。由此为建筑创作提供了大量的实践机会，设计、建设质量不断提高。自然灾害如唐山、汶川大地震，锻炼了广大的建筑工作者；深圳特区建设、沿海城市的开放，进一步加快、加大了建设的力度；一系列重大事件如 1990 年北京亚运会、2008 年北京奥运会、2010 年上海世博会等，在规模、功能类型、数量和品级上提供了更大的实践舞台，创造了一系列建筑"奇迹"，并加强了建筑创作的国际化进程。在国家层面的建筑遗产保护、历史名城保护、传统村镇保护策略引导下，文化复兴事业蓬勃发展。

2000 年以来，随着中国经济融入全球化，外籍建筑师事务所进入中国，在观念、方法层面提供了新的视角，活跃了中国建筑文化。

二、文化变奏：多元思潮的碰撞与融合

1979 年以来，随着经济体制的转换和改革开放的深入，西方科学文化以前所未有的气势涌入中国。40 年来，东西方文化激烈碰撞并伴随着市场经济的深入而交叉、渗透，形成了过渡时期特有的文化形态。新时期文化比以往任何一个时期都更为开放、宽容，更为独特、缤纷，其观念之纷繁、思潮流派之众多，作品数量之浩瀚、质量之参差，似乎是中国文化史上任何时期都难以比及的。[1]

40 余年来，西方文化思潮大量引入中国，西方文化观念与中国传统观念交叉、碰撞，或原型流传，或形成新的变体，潜移默化于中国文化界的集体无意识之中，进而体现在艺术

---

[1] 李世芬：《走向多元——试论我国新时期建筑创作倾向》，天津大学硕士学位论文，1996 年。

作品中。①

（一）非理性主义的刺激

从叔本华、柏格森、尼采到弗洛伊德、海德格尔和萨特，非理性主义思想对我国新时期文化产生了重要影响。②

意识流的概念与影响。意识流于 20 世纪 80 年代传入中国文坛，主要有两大源流：一是威廉·詹姆斯在《心理学原理》（1892）中首次提出"意识流"（stream of consciousness）概念，乔伊斯最先在小说《尤利西斯》中发挥运用。二是柏格森的"心理时间说"，把意识的流动诉诸具体的心理时间。王蒙、莫言等被称为"准意识流"小说家，他们的意识流小说中可以窥见乔伊斯、福克纳、柏格森的影响。弗洛伊德对中国文化的影响也很明显，在张洁、刘心武、王安忆、张贤亮等作家的作品中可以见到其痕迹。弗洛伊德对意识流的贡献在于其无意识说的提出，其意识流分为四个层次：传统的心理独白、前意识、潜意识和无意识。③ 无意识说为艺术家开拓了心理探索空间，打开了深层无意识的非理性王国之门，出现了很多有深度的优秀作品。遗憾的是，也有些人对弗洛伊德主义有某种程度的曲解和阉割，如泛性论的热衷、性文学的出现。

萨特存在主义及其影响。萨特的存在主义学说曾在 20 世纪 80 年代风行了很长一段时间。萨特主张恢复人的尊严，其作品描写人的异化、人与社会的格格不入，这与当时中国文坛的"伤痕"文化形成契合，萨特式的人物和话语对戴厚英、刘索拉的小说产生了一定的影响。

---

① 王宁：《多元共生的时代》，北京大学出版社 1993 年版。
② 郑杭生：《现代西方哲学主要流派》，中国人民大学出版社 1988 年版。
③ ［奥］弗洛伊德：《梦的解析》，中国华侨出版社 2013 年版。

尼采的超人哲学、诗语言风格、富有传奇色彩的一生①，吸引了中国一批年轻的知识分子。多元化的取向中，尼采"重新估价一切"、挑战传统与权威，否定/批判意识在中国文化界引起共鸣和反应，如 20 世纪 80 年代的先锋派诗歌等。尼采的超人哲学，鼓舞着一些雄心勃勃的中国建筑师大胆实验，勇敢地探求着中国的新建筑。

1988 年，海德格尔的巨著《存在与时间》引入中国②，一度掀起了"海德格尔热"。海德格尔在新时期所引起的关注，开始局限于哲学界、文学理论界，后来通过建筑结构主义的引进而辐射到建筑界，建筑现象学与场所建构开始引起关注。随着理论界对现象学、阐释学、存在主义等理论的探讨，经过中国批评家进一步阐释、嫁接，海德格尔主义正在逐步通俗化。③

（二）现代主义、后现代主义和先锋派的实验

1. 文化的变奏

西方现代主义作家及其作品的引入，对刚刚经历了"十年浩劫"磨难的中国文学界产生了极大的影响，与长期在中国占统治地位的现实主义文学相对峙，出现了一大批具有现代主义倾向的中、青年作家，如小说家王蒙、刘心武、张洁、张贤亮、王安忆等，诗人北岛、顾城、舒婷、江河、杨炼等。在他们的作品中，可以看到卡夫卡式的象征、福克纳式的意识流、詹姆斯式的心理分析等手法。

20 世纪 80 年代初期，《外国现代派作品选》对当时的中国

---

① ［德］弗里德里希·尼采著，杨恒达译：《尼采全集》第 1 卷，中国人民大学出版社 2013 年版。

② ［德］马丁·海德格尔著，陈嘉映、王庆节译：《存在与时间》，生活·读书·新知三联书店 2006 年版。

③ 郑杭生：《现代西方哲学主要流派》，中国人民大学出版社 1988 年版。

作家产生了一定的影响。① 至中期，"新潮小说家"的作品开始出现后现代影响。小说《你别无选择》，不仅标题反映了后现代的"不确定性"和"无选择技法"，内容也表达了虚无的人生观和二元对立的关系。②

先锋实验。1985 年以来，随着莫言、马原、洪峰等作家的崛起，中国当代先锋文学日益蓬勃。例如，苏童、王朔、格非等作家，创作手法表现为反语言、反文化、淡化时代背景，并注重语言操作和文字实验、情感冷漠表现等，其手法与 1985 年以前的中国文学有比较明显的区别。③

2. 中国建筑界的理论引进

1979 年以来，中国建筑界在澄清历史问题的基础上，进行了大规模的建筑理论与思潮的引进。前期多为各种文化思潮、形式理论与设计原理的引进，后期侧重生态、低碳、可持续理论与方法的引进。

西方现代建筑理论的引进。20 世纪 80 年代初期，理论界对西方现代建筑的引进与介绍从早期的零散到后来的系统，短暂的时间内奠定了西方现代建筑在中国的理论基础。与此同时，后现代思潮以及修正现代建筑的各种流派迅速介绍进来，到 1987 年，引进的规模、声势达到高潮，在某种程度上淡化了现代建筑的思想观念。中国固有的折衷主义也在某种程度上阻碍了现代建筑的发展，却与后现代建筑注重文脉、追求折衷的倾向不谋而合，由此推动了中国建筑界的复古思潮。

后现代主义风潮。后现代建筑产生于西方信息社会，以后结构主义为理论基础而形成，与后结构主义对结构主义和符号学的

---

① 袁可嘉、董衡巽、郑克鲁选编：《外国现代派作品选》，上海文艺出版社 1980 年版。

② 刘索拉：《你别无选择》，文汇出版社 2005 年版。

③ 张清华：《中国当代先锋文学思潮论（修订版）》（当代中国人文大系），中国人民大学出版社 2014 年版。

批判相对应，表现为形式内涵的丰富性和通俗性，一度成为雅俗共赏的时尚。20 世纪 80 年代中期以来，尽管中国社会在经济、技术水平及其他方面尚未达到信息社会的程度，但一段时间内两种不同基础、不同内涵但表面相似的思想却喜剧般地"错接"一处。① 后现代主义在解决中国的现实问题时暴露出它的缺点，这股风潮到 1987 年终告一段落。

解构主义。20 世纪 80 年代末期，解构主义与作为对传统、特别是结构主义的反叛，一度成为中国建筑界的热点，青年学生也热衷于解构手法的模仿。解构主义的个性化思想与中国传统形成一定的冲突，其混沌思维一时未能得到理解，但其解体思想、混沌思维促进了中国建筑界思想的解放和手法的丰富。2000 年以后，解构主义建筑师如扎哈·哈迪德（Zaha Hadid）的作品已经在北京、广州等大城市中建成，并引起热烈讨论。中国青年建筑师马岩松也在哈尔滨大剧院中尽情地表现了时空的运动。

三、创新时代：特色建设与民族复兴

2017 年 1 月，中共中央办公厅　国务院办公厅印发《关于实施中华优秀传统文化传承发展工程的意见》（以下简称《意见》）。《意见》指出：实施中华优秀传统文化传承发展工程，是建设社会主义文化强国的重大战略任务，对于传承中华文脉、全面提升人民群众文化素养、维护国家文化安全、增强国家文化软实力、推进国家治理体系和治理能力现代化，具有重要意义。②

2017 年 5 月 8 日，《国家"十三五"时期文化发展改革规划

---

① 曾昭奋：《创作与形式—当代中国建筑评论》，天津科技出版社 1989 年版。
② 新华社：《中共中央办公厅　国务院办公厅印发〈关于实施中华优秀传统文化传承发展工程的意见〉》，2017 年 1 月 25 日，中国政府网，http://www.gov.cn/zhengce/2017-01/25/content_5163472.htm。

纲要》（以下简称《纲要》）印发。《纲要》指出："文化是民族的血脉，是人民的精神家园，是国家强盛的重要支撑。坚持两手抓、两手都要硬，推动物质文明和精神文明协调发展，繁荣发展社会主义先进文化，是党和国家的战略方针"。"十三五"时期是全面建成小康社会的决胜阶段，也是促进文化繁荣发展的关键时期。在新的历史起点上，必须充分发挥文化引领风尚、教育人民、服务社会、推动发展的作用。全面建成小康社会，迫切需要补齐文化发展短板、实现文化小康，丰富人们精神文化生活，提高国民素质和社会文明程度。适应把握引领经济发展新常态，迫切需要牢固树立和贯彻落实创新、协调、绿色、开放、共享的发展理念。世界多极化、经济全球化、文化多样化、社会信息化深入发展，综合国力竞争日趋激烈，迫切需要提高文化开放水平，广泛参与世界文明对话，增强国际话语权，展示中华文化独特魅力，增强国家文化软实力。①

党的十八大以来，以习近平同志为核心的党中央团结带领全党全国各族人民，开辟了治国理政新境界。社会主义文化建设进一步呈现出繁荣发展的生动景象。中华民族伟大复兴的中国梦和社会主义核心价值观深入人心，文化体制改革进一步深化，文化事业、文化产业持续健康发展，中华优秀传统文化广为弘扬，中华文化国际影响力进一步提升。

2017 年 10 月，党的十九大在北京召开。习近平总书记代表第十八届中央委员会向大会作了题为"决胜全面建成小康社会夺取新时代中国特色社会主义伟大胜利"的报告（以下简称"报告"）。② 党的十九大报告分 13 个部分，其中至少 6 个部分

---

① 新华社：《〈国家"十三五"时期文化发展改革规划纲要〉印发》，2017 年 5 月 8 日，中国政府网，http://www.wenming.cn/whtzgg_pd/zcwj/201705/t20170508_4226176.shtml。

② 新华社：《习近平：开创新时代中国特色社会主义事业新局面》，中国政府网，2017 年 10 月 27 日，http://www.gov.cn/zhuanti/19thcpc/。

与建筑文化密切相关，如"……三、新时代中国特色社会主义思想和基本方略……五、贯彻新发展理念，建设现代化经济体系……七、坚定文化自信，推动社会主义文化繁荣兴盛；八、提高保障和改善民生水平，加强和创新社会治理；九、加快生态文明体制改革，建设美丽中国"①。

习近平在党的十九大报告中提出了"新时代中国特色社会主义思想和基本方略"："新时代中国特色社会主义思想，明确坚持和发展中国特色社会主义，总任务是实现社会主义现代化和中华民族伟大复兴，在全面建成小康社会的基础上，分两步走：在本世纪中叶建成富强民主文明和谐美丽的社会主义现代化强国；明确新时代我国社会主要矛盾是人民日益增长的美好生活需要和不平衡不充分的发展之间的矛盾，必须坚持以人民为中心的发展思想，不断促进人的全面发展、全体人民共同富裕；明确中国特色社会主义事业总体布局是'五位一体'、战略布局是'四个全面'，强调坚定道路自信、理论自信、制度自信、文化自信。"②

报告强调"坚定文化自信，推动社会主义文化繁荣兴盛"，习近平提出："坚持社会主义核心价值体系。文化自信是一个国家、一个民族发展中更基本、更深沉、更持久的力量"③，并提出："文化兴国运兴，文化强民族强。没有高度的文化自信，没有文化的繁荣兴盛，就没有中华民族伟大复兴。要坚持中国特色社会主义文化发展道路，激发全民族文化创新创造活力，建设社会主义文化强国。"中国特色社会主义文化，源自中华民族五千多年文明历史所孕育的中华优秀传统文化，植根于中国特色社会主义伟大实践。中国特色社会主义文化建设，要坚持为人民服

① 新华社：《习近平：开创新时代中国特色社会主义事业新局面》，中国政府网，2017 年 10 月 27 日，http：//www. gov. cn/zhuanti/19thcpc/。

②③ 新华社：《进入新时代！习近平十九大报告全文》，2017 年 10 月 18 日，http：//news. ifeng. com/a/20171018/52686134_0. shtml。

务，坚持百花齐放、百家争鸣，坚持创造性转化、创新性发展，不断铸就中华文化新辉煌。①

同时，习近平在党的十九大报告中明确提出"实施乡村振兴战略"。他指出："农业农村农民问题是关系国计民生的根本性问题，必须始终把解决好'三农'问题作为全党工作重中之重。要坚持农业农村优先发展，按照产业兴旺、生态宜居、乡风文明、治理有效、生活富裕的总要求，建立健全城乡融合发展体制机制和政策体系，加快推进农业农村现代化。"构建现代农业产业体系、生产体系、经营体系，完善农业支持保护制度，发展多种形式适度规模经营，培育新型农业经营主体，健全农业社会化服务体系，实现小农户和现代农业发展有机衔接。②

2017年12月29日，中央召开农村工作会议，习近平在会上发表重要讲话，总结党的十八大以来我国"三农"事业的历史性成就和变革，深刻阐述实施乡村振兴战略的重大问题，对贯彻落实提出明确要求。李克强在讲话中对实施乡村振兴战略的重点任务作出具体部署，会议上提出了实施乡村振兴战略的20字方针，即"产业兴旺、生态宜居、乡风文明、治理有效、生活富裕"。与党的十六届五中全会提出的"生产发展、生活宽裕、乡风文明、村容整洁、管理民主"目标相比，立意更深刻，内涵更丰富，站位更高远。20字方针概括的是中国全面小康目标下的农村发展目标，它指明了乡村地域空间必须按照生产、生活、生态、社会、文化和治理之间的和谐发展目标予以再造。③ 只有建成山青水绿、生态宜居的美丽乡村，农村才更有吸引力、农民才更有归属感、农业才能可持续发展，满足广大农民群众的迫切的

---

①② 新华社：《进入新时代！习近平十九大报告全文》，2017年10月18日，http://news.ifeng.com/a/20171018/52686134_0.shtml。

③ 辽源市调研组：《关于贯彻落实乡村振兴战略有效推进产业兴旺、生态宜居、乡风文明、治理有效、生活富裕的调研报告》，载于《吉林农业》2018年第2期。

愿望和要求。①

中共中央办公厅及各部委针对国家乡村振兴重大战略部署，遵照中央农村工作会议上的乡村振兴、生态宜居的乡村发展要求，推出一系列相关政策方案。中共中央办公厅在 2018 年印发的《农村人居环境整治三年行动方案》中明确了将"改善农村人居环境，建设美丽宜居乡村"作为新农村建设的重要目标，强调了大力提升农村建筑风貌，突出乡土特色和地域民族特点，提升村容村貌、建设绿色生态村庄的重要任务目标。②

2017 年 10 月，住房和城乡建设部针对特色小镇发展发布了《关于保持和彰显特色小镇特色若干问题的通知》，要求各地要高度重视特色小镇建设过程中特色发展、文化传承问题，严禁规划建设中盲目跟风抄袭、盖高楼、拆老街区。2017 年度乡村人居环境调查内容在基础设施、公共环境、建设管理等 4 大类 42 项指标外，特别增加了农户厕所粪污处理或资源化利用指标两项内容。③

2017 年 9 月，国家农业农村部印发的《关于公布 2017 年中国美丽休闲乡村推介结果的通知》，向社会公布了 2017 年中国美丽休闲乡村推介名单，包括 41 个特色民居村、35 个特色民俗村、48 个现代新村、26 个历史古村，共计 150 个生态环境优美、产业功能多元、村容景致独特、精神风貌良好的美丽休闲乡村。④ 2018 年 2 月，农业部发布了《关于加快推进农业转型升

---

① 新华社：《中央农村工作会议在京举行：确定实施乡村振兴战略 20 字总要求》，2017 年 12 月 6 日，https：//www.henandaily.cn/content/szheng/2017/1229/82249.html。

② 刘杨：《中共中央办公厅 国务院办公厅印发农村人居环境整治三年行动方案》，中华人民共和国中央人民政府网，2018 年 2 月 5 日，http：//www.gov.cn/zhengce/2018 – 02/05/content_5264056.htm。

③ 中华人民共和国住房和城乡建设部：《住房城乡建设部关于保持和彰显特色小镇特色若干问题的通知》，2017 年 7 月 7 日，http：//www.mohurd.gov.cn/wjfb/201707/t20170710_232578.html。

④ 中华人民共和国农业部办公厅：《农业部办公厅关于公布 2017 年中国美丽休闲乡村推介结果的通知》，2017 年 9 月 19 日，http：//www.moa.gov.cn/govpublic/XZQYJ/201709/t20170921_5821813.htm？keywords =。

级的意见》，提出大力推进休闲农业和乡村旅游精品工程建设、着力调整农业产业结构，坚持绿色导向、加快培育农村发展的新动能。①

截至 2018 年 6 月，国家住房和城乡建设部、农业部、国家文化和旅游部公布了不同类型、不同层次，共计千余个农村人居环境示范村，如美丽乡村示范村潮汕铜盂镇铜钵盂社区、沈阳市沈北新区石佛街道孟家台村、生态宜居示范村宁海县深甽镇柘坑戴村、环境整治示范村天津津南区北闸口镇前进村、本溪市本溪满族自治县小市镇谢家崴子村等。②

党的十九大，是在全面建成小康社会决胜阶段、中国特色社会主义发展关键时期召开的一次十分重要的大会。承担着谋划决胜全面建成小康社会、深入推进社会主义现代化建设的重大任务，事关党和国家事业和广大人民根本利益。十九大报告主题涉及的小康社会、文化自信与文化繁荣、民生保障和改善、创新机制、加快生态文明体制改革、美丽中国建设等方略，对推进中国建筑文化事业的深化发展、进一步繁荣建筑文化具有重大的历史和现实意义。③

随着整体文化环境的改善，社会整体更加崇尚科学、热爱学习，人们的审美水准不断提高。随着国门的打开，中外文化交流加强，从建筑创作主体到社会各界，创新思维、整体思维、可持续发展越来越得到肯定和鼓励，创新手段如计算机手段与大数据的应用，促进了建筑文化的科学化、快捷性。

---

① 中华人民共和国农业部：《农业部关于大力实施乡村振兴战略加快推进农业转型升级的意见》，2018 年 1 月 18 日，http：//www. moa. gov. cn/xw/zwdt/201802/t20180213_6137182. htm。

② 中华人民共和国住房和城乡建设部、中央农村工作领导小组办公室、中华人民共和国财政部、中华人民共和国环境保护部、中华人民共和国农业部：《2017 年各省（区、市）改善农村人居环境示范村名单》，2017 年 8 月 26 日，http：//www. mohurd. gov. cn/wjfb/201709/t20170905_233176. html。

③ 新华社：《习近平：开创新时代中国特色社会主义事业新局面》，中国政府网，2017 年 10 月 27 日，http：//www. gov. cn/zhuanti/19thcpc/。

40 年来，随着中国社会市场经济的发展和整体文化的多元化，中国建筑文化不断走向繁荣，建筑形态百花齐放。世纪之交，中国建筑创作不断深化，从单一走向多元，由形式走向科学，并呈现可持续发展的态势。

四、整体提升：建筑创作观念的变异与拓展①

（一）理性与非理性的恰当取舍和交融

经过 40 年理论与实践的探索，新时期中国建筑创作主体观念发生了很大转变，表现为理性与非理性的恰当取舍和交融，科学、系统思想与可持续发展观念的建立，传统哲学思想的复归与环境观念的建立，创新思维、整体动态思维与多维逻辑判断的初步形成。②

西方现代建筑以理性思维和科学方法为根基，理性主义在 20 世纪 20 年代、50 年代两次传入中国，但受到了以玄学为主的传统文化的抵制，第一代建筑师所受学院派教育（非包豪斯式）也是非积极因素，80 年代理性思潮伴随着非理性等多种思潮涌入，中国建筑界没有坚实的理论后盾，在选择中避重就轻，加之 60 年代以来西方非理性对理性冲击的影响，忽视了富有科学理性的实证主义方法如结构主义、符号学等，将后现代主义易操作的部分"错接"于中国，忽视了对科学思想以及晚期现代技术手法等内容的探求。

引进中缺乏明智的宏观择向，偏重非理性而忽视了理性，因

---

① 李世芬：《走向多元——试论我国新时期建筑创作倾向》，天津大学硕士学位论文，1996 年。
② 李世芬：《创作呼唤流派》，载于《建筑学报》1996 年第 11 期。

而鱼目混珠，积极与消极共生，从而导致社会思想的混乱。

1990 年以来，经过实践、反思与中西比较，一部分建筑师（50 岁以上）意识到了定向取舍造成的局限与偏向，开始呼吁理性，尝试理性与非理性的交融，这是一次更高层次的飞跃，对创作健康发展产生了良好的影响。

1996 年 1 月，出国考察归来不久的刘力先生对笔者说："我国当前的建筑设计应把握三点：一是城市设计，二是要从功能出发，三是应注重整体观念而不应过分追求单体。"刘先生对他所设计的受到好评的大熊猫馆和炎黄艺术馆表示出某种遗憾。在之后的设计实践中，他已融入了这种全新的设计观念和体会。

（二）科学、系统思想与可持续发展观念的建立

以"三大论"（系统论、信息论、控制论）为核心的现代科学的引入，以存在主义、结构主义为代表的现代哲学的冲击，对拓展中国建筑界的文化视野、更新观念发挥了重要作用。在各种外来思潮的影响下，建筑创作出现了求新求异、多元共存的倾向。同时，20 世纪 90 年代以来初步建立的技术理性、生态意识与可持续发展观念不断深化，相关研究与实践不断拓展、加强。

马国馨在设计中非常强调大系统的思想，他善于运用结构主义手法，首先把握住大环境，这样小环境和小单体就不易"出格"，他所设计的亚运场馆就是一个成功的尝试。

1984 年，"中国建筑学会"春节座谈会以"迎接新技术革命"为主题，掀起了建筑理论界的新技术革命热潮，系统论、信息论、控制论等新观念引起关注。1985 年 10 月，又在京召开了"电脑在计算机中的应用"交流会。建筑师们对计算机辅助设计、电脑控制建筑构件生产等表示了极大兴趣。但是，这一热潮在 20 世纪 80 年代中国落后的建筑工业现状面前骤然冷却。直至 90 年代，建筑师们的"科技梦"才得以部分实现（如计算机辅助设计等）。

2000 年以来，计算机技术进一步渗透到设计、研究中，表现为段进等学者基于大数据、空间句法的规划与建筑设计更趋于科学化；XWG 工作室的"参数化非线性建筑设计方法研究"（2011～2013 年）、"非标准建筑形体的生成与建造途径研究"（2006～2008 年），李彪教授基于复杂系统的建筑空间程序生成及数控建造（2010）；基于"数字链"系统的建筑设计与数控建造（2014），等等。数字技术拓展了建筑设计的生成与表现方法，使建筑设计和研究的效率、深度、质量进一步提高。

技术理性、生态意识与可持续发展观念的建立。可持续发展是 21 世纪人类社会的共同主题，新千年以来，生态、节能建筑越来越受到重视。随着《关于环境与发展的里约热内卢宣言》《21 世纪宣言》等 5 部纲领的发布（联合国环境与发展大会，里约热内卢，1992 年）[1]，世界范围内"绿色建筑"的概念与建筑体系渐成。1990 年以来，中国开始推进绿色建筑发展，并相继颁布了若干绿色建筑相关法规。

（三）传统哲学思想的复归与环境观念的建立

20 世纪后半叶以来，西方文化界经历着从表现客观世界向表现主观世界的转变，建筑界对人与自然的关系表现出特别的关注。但是，西方建筑界更关注愉悦的艺术，缺乏深刻的哲学内涵。中国古代建筑反映了古代哲学的宇宙图式，体现了实用理性精神，"天人合一"的哲学理念反映了人与自然的亲和关系，西方现代美学思想的冲击，以及全球性的地方化趋势诱发了中国传统哲学思想的回归，令我们感受到东方哲学的超前性。建筑界开始树立环境意识、生态意识，"风水"理念受到关注。观念转变使中国建筑创作开始转变，从单纯的功能、形式表现，转向超然象外的表意、表情，具体到场所建构。

---

[1] 杨维菊：《绿色建筑设计与技术》，东南大学出版社 2011 年版。

郑国英等人设计的成都三星堆博物馆［见图2-1（a）］，立意构思从三星堆文化浪漫、非写实、个性强烈的特点出发，设计围绕"堆"和"谜"的意念而展开。博物馆作为人类文化的一个"堆积点"，以一组自在的螺旋曲线扶摇直上，沟通古今，既表达了古蜀人超然神力的延续，又昭示着当代人审美情趣的升华。

邢同和、滕典设计的"上海博物馆"［见图2-1（b）］以"天圆地方"的寓意和先锋色彩的造型而取胜。李宗泽与黑川纪章的"中日青年交流中心"［见图2-1（c）］也以引喻和象征传达了东方哲学的信息（和合）。李偵设计的《现代建筑的方舟一功宅方案》以简单而抽象的几何体，摒弃一切与主题无关的因素，体现了中国人精神生活中的东方哲学。它会同了中国古代宇宙观和现代建筑创作手法，在构思和空间构成上较西方人略胜一筹。①

（a）成都三星堆博物馆 （b）上海博物馆 （c）中日青年交流中心
(成都，郑国英等设计) (上海，邢同和、滕典设计) (北京，李宗泽、
黑川纪章设计)

图2-1 传统哲学思想的复归与环境观念的体现

（四）创新思维、整体思维与多维逻辑判断的形成

改革开放以来，在外来思潮和社会变革的双重冲击下，传统的习惯思维已经被打破，创新思维形成，新思想的萌芽、新建筑

---

① 李偵：《现代的方舟——功宅》，载于《世界建筑》1987年第2期。

的雏形已经出现。①

吴良镛先生的"有机更新论",何镜堂院士的"两观三性"主张,王小东院士的"斯人、斯地、斯建筑"和"群衍性"观点,崔恺院士的"本土设计"观,布正伟先生的"自在生成论",赵冰的"人性空间"观点②……这些观念以其各自独到的主张在深度和广度上拓展了建筑创作思维,而基于这些思维的作品为人们展示了新的视野。

学科交叉中的建筑设计方法拓展。基于建筑学、数学等学科交叉,孔宇航③、徐卫国、李世芬④等学者将非线性思维引入建筑设计方法,走出了传统的线性思维设计模式,丰富与拓展了现有建筑创作体系,使我国建筑发展向可持续方向迈出新的一步。

传统的有机建筑,随着人类价值观念的转化产生了巨大而深刻的变革,并从人与自然的宏观高度以及可持续发展的角度深入考虑建筑问题。⑤发展中的新有机建筑,对传统的空间观念产生怀疑,重新诠释着"建筑—环境—人"的关系。⑥

现代、后现代、结构、解构、有机等建筑理念,无论是理性的还是非理性的,各种流派的观念与方法都有其出发点和探索性。改革开放以来中国建筑界对众多流派的包容,逐步建立起来的环境意识、生态意识、科学意识,特别是可持续发展观念与科学方法的拓展,反映了人们对多维逻辑判断的认同,特别是对建筑与自然、人文环境关系的深度思考。

---

① 李世芬:《创作呼唤流派》,载于《建筑学报》1996 年第 11 期。
② 顾孟潮等:《中国建筑评析与展望》,天津科技出版社 1989 年版。
③⑤ 孔宇航:《非线性有机建筑》,中国建筑工业出版社 2012 年版。
④⑥ 李世芬、冯路:《新有机建筑设计观念与方法研究》,载于《建筑学报》2008 年第 9 期。

第三章

中国建筑理论创新与突破

改革开放 40 余年来，中国建筑理论界积极引进世界先进的建筑理论，并结合中国社会现实潜心探索，在相关领域持续探求并形成了独特的建筑理论体系。特别是党的十九大以来，建筑文化领域从整体观念的深化，到建筑创作理论与方法的拓展，特别是在建筑文化自信、文化表现方法的提升等方面取得了飞跃性的发展。在传统建筑文化精髓的发掘与传承、建筑遗产保护、生态与可持续建筑探求等方面取得了突破性的进展。理论创新具体表现为以下几个方面：

其一，现代建筑理论的引进与创新性发展；

其二，建筑设计观念与方法的拓展；

其三，可持续建筑理论与方法探求；

其四，传统建筑文化精髓的发掘与传承；

其五，文化交融中的新中国建筑文化探索；

其六，文化传承中的建筑遗产保护之路。

一、现代建筑理论的引进与创新性发展

（一）广义建筑学的创立

世纪之交，广义建筑学的创立是中国建筑理论的一个高峰，

1989 年，吴良镛院士提出的"广义建筑学"，深化、拓展了建筑学的概念，指出建筑学与相关学科是一个相互关联而错综复杂的大系统，已经不再局限于个体建筑的范畴。《广义建筑学》引入聚居、地区、文化、科技、政策等综合要素，拓展了传统建筑学的定义，从更大的范围和更高层次提供了建筑理论框架。① 1987年，吴良镛主持北京菊儿胡同的危旧房改造实验②，其所创建的"类四合院"模式为中国传统民居的有机更新提供了新的观念和方法参考。

从广义建筑学到"北京宪章"，作为 20 世纪重要的建筑理论成果，是中华民族对世界建筑理论的重要贡献之一。1999 年 6月，国际现代派建筑师组织（CIAM）国际建筑师协会第 20 次大会在北京召开③，吴良镛主持制定了著名的"北京宪章"，总结了 20 世纪建筑学发展的历史经验和问题，并站在历史高度指出了世纪之交建筑学亟待解决的前沿课题和发展前景。④ "北京宪章"高屋建瓴，发展了"广义建筑学"的思想，可谓吴良镛建筑理论研究的又一个高峰。

（二）中国特色城市设计理论的创建

1. 城市建筑理论的创建与发展

"城市建筑学"，从概念、内涵到方法研究，跨越建筑设计、城市设计、城市规划领域，拓展、深化了中国建筑创作理论。2001 年，齐康院士在《城市建筑》一书中明确提出"城市建筑学"的概念，重点关注城市视角下的建筑设计与建筑群的规划设计及其环境。他指出，城市建筑设计在注重建筑内部空间的同

---

① 吴良镛：《广义建筑学》，清华大学出版社 1989 年版。
② 吴良镛：《京旧城居住区的整治途径——城市细胞的有机更新与四合院的探索》，载于《建筑学报》1989 年第 7 期。
③ CIAM 为国际现代建筑协会 Congres International of Architecture Modern 的缩写，于 1928 年成立于瑞士。
④ 吴良镛：《北京宪章》，清华大学出版社 2002 年版。

时，更要重视城市的外部空间。一是在理论上从"整体""地区""互动""超越""回归""整合"6个方面探讨城市建筑问题，二是在方法上从"轴""核""群""架""皮"5个方面对建筑设计进行分析，对城市建筑的持续发展具有重要的启发和参考意义。① 宜居环境的整体建筑学研究，在建筑学领域奠定了城乡一体化发展的理念。2010年以来，齐康团队的研究从"城市建筑学"拓展到宜居环境的整体建筑学。其所编著《大城市的生机与矛盾》涵盖了城市群、超级大城市和特大城市，以及中小城市、乡镇、农村。针对城市化进程中的诸多矛盾问题，提出了关于城乡一体化发展、农业土地政策、土地流转、产业发展等策略。② 研究不仅在理论研究方面有所突破，而且理论与实践形成良性互动。

2. 中国特色城市设计理论与方法体系的建构

中国特色城市设计理论与方法体系的构建始于20世纪90年代。王建国院士针对中国问题，提出并实践了一系列重要的富有中国特色的城市设计理论与方法。其所著《现代城市设计理论与方法》（1991），基于国内外城市建设理论与实践的解析，澄清了现代城市设计相关概念，从方法论角度系统探讨了现代城市设计的方法及其在中国实践的可行性，构建了从城市形态到城市设计的过程模型，并提出了"设计探寻"和"参与决策"双重过程共同构成的复合体的重要结论。③ 1999年出版的《城市设计》作为中国城市设计的早期著作，全面讲述了城市设计的概念、发展、基础理论、编制内容，以及城市空间要素和景观构成、城市典型空间类型的设计、城市设计的分析方法等内容。④《现代城市设计理论与方法》和《城市设计》被认为是"国内最为系统、

① 齐康：《城市建筑》，东南大学出版社2001年版。
② 齐康等：《大城市的生机与矛盾》，东南大学出版社2014年版。
③ 王建国：《现代城市设计理论和方法》，东南大学出版社1991年版。
④ 王建国：《城市设计》，中国建筑工业出版社1999年版。

完整和最具原创成分的城市设计成果"①。

随着城市设计理论、方法的科学化、内涵化发展，21 世纪初中国建筑和城市设计发展战略被提出并得到发展。针对中国多年来粗犷式的城市建设方式进行研究和改良，王建国先后发表《生态原则与绿色城市设计》《城市传统空间轴线研究》《21 世纪初中国建筑和城市设计发展战略研究》等论文，从社会性、生态性、文化性、地域性、安全性等方面针对不同尺度（建筑、城市设计、城市规划）、地区、对象探讨设计方法的传承与创新②，从理论到实践、从设计方法到评价系统，结合新技术手段将城市设计推向了更加科学化、内涵化的高度。③

（三）现代建筑理论体系的系统建构

依托建筑理论工作者长期、不懈的努力，20 世纪 90 年代以来，中国现代建筑理论研究取得了飞跃式的发展。

1. 中外建筑理论的体系化研究，推进了理论的深度和广度

凭借对西方建筑理论完整体系的宏观把握和精确理解，刘先觉及其团队系统梳理、引介西方建筑理论，并站在当代东、西方人的不同视角审视当代建筑理论和现实，进而结合中国建筑实践作出准确的判断和评析。④ 面对当代西方建筑领域众声喧哗、新论迭出的混乱语境，刘先觉及其团队采用严肃而稳健的历史主义研究方法，通过对当代建筑理论、流派的比较、对照，对其发生、发展及对实践的影响作了实事求是的评析，体现了历史研究

---

① 王建国、单踊等：《转折年代"中国现代建筑教育摇篮"的继承者与开拓者们——以东南大学建筑学院"新三届"学生发展研究为例》，载于《时代建筑》2015年第 1 期。

② 王建国：《传承与探新：王建国城市和建筑设计研究成果选》，东南大学出版社 2013 年版。

③ 王建国：《21 世纪初中国建筑和城市设计发展战略研究》，载于《建筑学报》2005 年第 8 期。

④ 万书元：《为当代西方建筑理论把脉——评刘先觉教授〈现代建筑理论〉》，载于《世界建筑》2000 年第 6 期。

语境的客观性、真实性。①

2. 建筑理论鸿篇巨制的推出，为专业队伍的理论提升提供了依托

1999 年，刘先觉所著的《现代建筑理论：建筑结合人文科学自然科学与技术科学的新成就》一书，涵盖了建筑与人文、自然科学交叉的最新成果②，以建筑哲学、建筑设计方法论为核心，系统阐释了当代西方建筑理论的进展，并具体对建筑美学、建筑现象学、建筑类型学、生态建筑学的思想、理论与方法进行了全方位探索。该书被教育部推荐为全国首批研究生教学用书，可谓建筑理论界的鸿篇巨制。2009 年，刘先觉等著的《生态建筑学》一书，系统地分析了生态建筑学的思想、理论和方法，并介绍了当代城市生态建筑学理论、生态设计理论与实践，以及生态建筑的地域性与科学性，在宏观与微观层面为生态建筑研究与城市生态研究与实践提供了参考。③ 在理论研究层面，刘先觉团队学贯中西，研究成果系统、深入，出版的其他著作达 10 余部，如《密斯·凡德罗》《中国近代建筑总览·南京篇》《建筑美学》（译著）等，不仅为中外建筑文化交流做出了重大贡献，更在深度、广度上拓展了中国建筑学人的视野，成为新时期中国建筑发展的里程碑之一。

（四）　当代建筑美学的探求

对中国当代建筑美学的探求，一是在宏观层面进行的现代美学体系研究，二是在世界各地区地域视角下进行的建筑文化发掘与美学特征探求。

---

① 刘先觉：《当代世界建筑文化之走向》，载于《建筑学报》2006 年第 1 期。
② 刘先觉：《现代建筑理论：建筑结合人文科学自然科学与技术科学的新成就》，中国建筑工业出版社 1999 年版。
③ 刘先觉等：《生态建筑学》，中国建筑工业出版社 2009 年版。

1. 中国现代建筑美学体系与当代世界建筑审美变异特征探讨

（1）对中国现代建筑美学体系的研究，系统阐述了建筑美学的基本概念、建筑美学的发展史纲以及建筑美学的理论体系。①

曾坚教授所著《建筑美学》一书，涵盖了建筑美学的定义与范畴、建筑美的哲学定位、建筑美的形态特点、西方古代建筑的艺术观念与美感特征、现代建筑的审美拓展与当代建筑的审美变异、传统建筑美学理论、现代建筑美学及相关流派、当代建筑美学理论及其流派、信息与生态技术影响下的建筑美学理论等。

（2）当代世界对建筑审美变异特征的探讨，站在中西建筑文化的高度，敏锐捕捉并提炼了当代建筑的审美变异特征，丰富、活跃了当时的中国建筑文化。

1995年，曾坚教授所著《当代世界先锋建筑的设计观念》②一书，以及所主持的"中国现代建筑美学体系研究"（2006～2008年）课题等成果，系统梳理了中国建筑理论探索60年的脉络并给予高度概括③，并对信息技术影响下的建筑设计观念演进与发展、当代生态建筑的美学新模式进行了探讨④。

2. 地域视角下的建筑文化发掘与美学特征探求

"文化地域性格"理论和"适应性"理论的提出以及岭南建筑文化与美学研究，推进了中国建筑美学理论建设。

唐孝祥教授立足岭南地区，侧重建筑文化与美学、风景园林美学理论探求，其构建了"文化地域性格"理论和"适应性"理论，并首次提出"文化地域性格"理念。

在《岭南近代建筑文化与美学》《建筑美学十五讲》等著

① 曾坚、蔡良娃：《建筑美学》，中国建筑工业出版社2010年版。
② 曾坚：《当代世界先锋建筑的设计观念》，天津大学出版社1995年版。
③ 曾坚：《从禁锢走向开放，从守故迈向创新——中国建筑理论探索60年的脉络梳理》，载于《建筑学报》2009年第10期。
④ 李哲、曾坚、肖蓉：《当代生态建筑的美学新模式》，载于《新建筑》2004年第3期。

作中，唐孝祥借鉴价值哲学、模糊美学等学科研究新成果，运用多学科交叉综合的方法，探索构建了"文化地域性格"理论和"适应性"理论；首次提出的"文化地域性格"概念，创新阐释了建筑美学"文化地域性格"理论的核心内涵和以地域技术特征、社会时代精神和人文艺术品格为支撑的理论体系。[1]唐孝祥指出，建筑美是建筑的审美属性与人对建筑的审美需要契合而生的一种价值。建筑美的生成机制包括三个要点：离不开建筑的审美属性，取决于人的审美需要，立足于建筑审美活动。[2]《岭南近代建筑文化与美学》一书归纳了中国近代美学的时代、思想、理论、目标四方面的特征，并提炼出岭南近代建筑文化的特征：包括"对中国古代建筑文化的传承和创新；对西方建筑文化的吸纳与整合；岭南近代建筑文化的理性自觉；岭南近代建筑文化的转型"[3]。主张"用多学科交叉与综合的视野和方法开展岭南建筑理论研究"[4]，主张研究建筑与书法、绘画、音乐等艺术的审美共同性[5][6]。在建筑与音乐艺术审美共通性中辨析比例、情感、意境三个方面的共通，指出二者在审美客体的数理结构、审美主体的情感想象，以及审美过程中穿越时空、意境共融的特性。[7]

---

① 唐孝祥：《近代岭南建筑美学研究》，中国建筑工业出版社 2004 年版。
② 唐孝祥、陈吟：《论美的生成机制》，载于《华南理工大学学报》（社会科学版）2009 年第 11 期，65～69 页。
③ 唐孝祥：《岭南近代建筑文化与美学》，中国建筑工业出版社 2010 年版。
④ 唐孝祥：《多学科交叉与综合的视野和方法开展岭南建筑理论研究》，载于《中国社会科学报》2013 年第 1 期。
⑤ 唐孝祥、魏峰：《中国传统建筑与书法艺术的审美共通性初探》，载于《华南理工大学学报》（社会科学版），2017 年第 19 期，112～118 页。
⑥ 唐孝祥、王永志：《中国传统建筑与传统绘画的审美共通性》，载于《艺术百家》2010 年第 26 期，40～46 页。
⑦ 陈吟、唐孝祥：《比例、情感、意境：建筑艺术与音乐艺术的审美共通性》，载于《华中建筑》2012 年第 12 期。

二、建筑设计观念与方法的拓展

（一）建筑设计方法的系统性及其图式化表达研究

20 世纪 80 年代以来，中国建筑界在建筑空间建构、古典园林设计方法的系统性及其图式化方面取得突破，其中彭一刚院士作为重要的领军人物卓有建树。

1. 空间建构理论与方法体系的创建

彭一刚所撰写的《建筑空间组合论》一书，从功能与形式、结构与空间等角度阐述了建筑设计各个要素的关系，系统论述了空间组合的方法、建筑构图的法则，并论证了建筑形式美的规律，进而结合实例分别就内部空间、外部体形及群体组合处理等方面给予应用性分析。[①] 全书图文并茂，以系统的原理分析和图式化语言引人入胜。

2. 古典园林设计方法的系统性及其图式化方法突破

《中国古典园林分析》一书基于近代空间理论审视传统造园手法，运用建筑构图与视觉原理加以系统而深入的图文解析，提炼了中国造园艺术的基本特点，艺术地再现自然山水，并巧妙地把自然美和人工美结合为一体。同时，结合中国古代哲学、美学观点论证了中国古典园林的思想基础。[②]

彭一刚所撰写的《建筑空间组合论》[③]《创意与表现》《中国古典园林分析》《建筑绘画及表现图》等专著，在建筑学界可谓专业"宝典"，无论是设计原理还是表现方法，都曾经引领、伴随着几代建筑师的成长历程。

---

①③　彭一刚：《建筑空间组合论》，中国建筑工业出版社 1998 年版。
②　彭一刚：《中国古典园林分析》，中国建筑工业出版社 1986 年版。

（二）学科交叉中的建筑设计方法深化与拓展

1. 非线性有机建筑设计策略与方法研究

2000 年以来，建筑设计方法研究开始突破传统，不断拓展与深化。孔宇航等学者在非线性有机建筑、低碳建筑、建筑"形式—空间"生成优化方法等领域取得突破。

孔宇航教授主持的国家自然科学基金项目"非线性有机建筑设计策略与方法研究"（2008～2012 年），首次将非线性理论引入建筑学，并进行整体系统的研究，丰富、拓展了现有建筑创作体系。孔宇航曾发表《新视野——论二十一世纪建筑设计新理念》① 《世纪标志——谈"二十世纪建筑纪念碑"设计过程》《之间的尝试》等论文，其理念走出传统的线性思维设计模式，丰富与拓展了现有建筑创作体系，使中国建筑发展向可持续方向迈出新的一步。其所著《非线性有机建筑》② 一书，从非线性理论应用与转换、有机建筑演化规律、场所、空间、形式与建构三个层面展开讨论，通过对 20 世纪以来的相关建筑理论与实践梳理，探讨了非线性有机建筑设计策略与方法。进而针对信息社会的复杂性，"在自然、人文和技术层面上提出建筑与环境的共生、建筑与人文环境的同构、建筑与新技术的同构"的新有机建筑策略，丰富、拓展了现有建筑创作体系。③ 孔宇航教授同时也是新时期建筑文化活动的活跃人和引领者之一。

作为"非线性有机建筑设计策略与方法研究"团队成员，李世芬教授侧重分形、混沌及其在建筑学中的交叉性应用研究，促成"环渤海乡村住居文化"体系的建立。曾发表《新有机建

---

① 孔宇航：《新视野——论二十一世纪建筑设计新理念》，载于《建筑师》1998 年第 2 期。
②③ 孔宇航：《非线性有机建筑》，中国建筑工业出版社 2011 年版。

筑设计观念与方法研究》①《分形几何在建筑领域的应用》②《混沌建筑》③《树形空间及其建构方法探讨》④ 等论文。其研究一是探讨了建筑自身（作为有机生命体）的形态建构方法，提炼了新有机建筑的观念、特征与运作方法。二是运用定性与定量方法解析了分形几何的转换与应用，拓展、深化了建筑创作与评价的理念和方法。三是在多维层面探讨了"城市—节点—建筑—细部"不同尺度层级的系统构成规律；打破行政区划，从学科交叉和自然、文化地理视角提出"环渤海乡村住居文化"体系的概念［见本章第四（三）部分］。

2. 基于低碳目标的建筑"设计与建造"模块化体系研究

孔宇航团队提出基于模块化理论的建筑设计优化方法与建造流程之高效运行途径，建立了建筑"设计—建造"模块系统模型，由此促进了建筑系统向更高层级递进，并拓展与深化了学科内涵。孔宇航教授主持的国家自然科学基金项目"基于低碳目标的建筑'设计与建造'模块化体系研究"（2014～2017）针对全球气候变暖与生态环境恶化、中国建筑系统内设计过程与建造过程相脱离、建造流程整体低效的现实问题，重新审视建筑系统内设计、建造的生成机制与操作方式，运用模块化理论与方法，协同设计与集成制造，结合低碳技术、新材料与数控制造技术形成三个层面的突破：一是设计方法与建造模式及其关联性；二是模块化组织与模块设计；三是"设计—建造"模块系统模型建立方法。同时，基于设计与建造的依赖和制约关系、系统内各层级因素的影响建立相应的模块数据库，为"设计—建造"过程一

---

① 李世芬、冯路：《新有机建筑设计观念与方法研究》，载于《建筑学报》2008 年第 9 期。
② 李世芬、赵远鹏：《空间维度的扩展——分形几何在建筑领域的应用》，载于《新建筑》2003 年第 2 期。
③ 李世芬、孔宇航：《混沌建筑》，载于《华中建筑》2002 年第 5 期。
④ 李世芬、付新青：《树形空间及其建构方法探讨》，载于《新建筑》2012 年第 4 期。

体化提供完整、流畅的信息传递。[1][2]

3. 基于系统分析的建筑形式——空间生成方法优化研究

国家自然科学基金项目"基于系统分析的建筑形式——空间生成方法优化研究"优化了形式生成方法，促进建筑系统走向更高层级的自律性、开放性与适应性，拓展与深化了学科内涵。针对当下中国学术界关于建筑形式生成方法研究呈系统性缺失、各种方法碎片化的现状，孔宇航团队以系统分析的方法，从要素与系统、内因与外因、主观与客观三组关系入手，对建筑系统内在性与外在性因素进行耦合关系的探讨，从而构建开放性生成方法系统框架。首先是对内部要素进行遴选，通过形式分析、图解分析等方法进行逻辑推导与论证，运用变形图解技术建立图码模型数据库；其次是对影响形式生成的外部要素（自然要素中的物理环境、人文要素中的人群行为）进行提取和转换，运用空间分析方法、物理性能模拟、相关计算机技术，建立形式外部要素网络图解数据库；最后是基于系统目标分析，依据内在性形式生成逻辑建立形式生成转换与控制规则，以外部环境要素为基础构建"形式—空间"生成系统模型。[3]

4. 参数化非线性建筑设计与建构研究

在参数化非线性建筑设计与建构研究方面，徐卫国等学者在参数化非线性建筑设计方法（2011～2013 年）、非标准建筑形体的生成与建造途径（2006～2008 年）等方面取得了突破性进展。

XWG 工作室（徐卫国建筑工作室）在参数化非线性建筑及其建构研究方面卓有建树，从理论到实验，XWG 工作室长期致力于参数化非线性建筑设计研究，从概念到数字建构方法，对参数化及其应用进行了深入探索，并不断完备、丰富参数化设计的

---

①③　资料来源：天津大学建筑设计研究中心，孔宇航工作室。

②　马立、孔宇航、周典、贾建东：《设计结合建造——我国建筑运作模式的"并行化"操作研究》，载于《建筑学报》2019 年第 4 期。

形式和途径。从单体建筑到城市形态的数字生成方法,徐卫国教授在有关课题、论文①、人才培训等方面影响广泛②,培养了中国自己的参数化设计人才,带动更多的年轻建筑师探索参数化设计的思想和手段,为中国参数化设计的发展做出了重要贡献。

三、可持续建筑理论与方法探求

(一) 可持续性建筑观念的建立及相关行动

可持续发展是 21 世纪人类社会的共同主题,近年来,生态、节能建筑越来越受到重视。

1969 年,美国建筑师伊安·麦克哈格著述《设计结合自然》,标志着生态建筑学的诞生;1980 年,世界自然保护组织首次提出"可持续发展"的口号,随后逐步建立建筑节能体系,德国、英国、法国、加拿大等部分国家开始推行。

1992 年 6 月,在巴西里约热内卢召开的联合国环境与发展大会(里约地球峰会),发表了《关于环境与发展的里约热内卢宣言》《21 世纪宣言》等 5 部纲领③,第一次提出了"绿色建筑"的概念。自此,绿色建筑体系渐成,可持续建筑发展思想在全世界范围内得到共识。1993 年在美国芝加哥召开了第 18 次世界建筑师大会,所发表的《芝加哥宣言》指出:"建筑及其建成环境在人类对自然环境的影响方面扮演着重要角色;符合可持续发展原理的设计,需要对资源和能源的使用效率、对健康的影

---

① 徐卫国:《非线性建筑设计》,载于《建筑学报》2005 年第 12 期。
② 徐卫国:"非标准建筑概念及非标准数学分析",中国国际建筑艺术双年展 UHN 前卫建筑论坛发言,2004 年 6 月。
③ 杨维菊:《绿色建筑设计与技术》,东南大学出版社 2011 年版。

响、对材料的选择进行综合考虑。"①

绿色建筑的内涵。绿色，代表自然界植物的颜色，象征着生机盎然的生命运动，象征着自然存在物之间、人与自然之间的和谐与协调。② "绿色，首先是指能把太阳能转化为生物能、把无机物转化为有机物的植物的颜色。绿色建筑是指在建筑的全寿命周期内，最大限度节约资源"，"节能、节地、节水、节材、保护环境和减少污染，提供健康适用、高效使用，与自然和谐共生的建筑"。绿色建筑不等于高成本，不等于新建筑，不只是政府职责。③ 绿色建筑必须考虑的因素包括：能源、二氧化碳排放、水耗、土地利用、场地生态、废弃物减排、室内空气质量等。

可持续建筑的含义："一是资源的应用效率原则；二是能源的使用效率原则；三是污染的防治原则（室内空气质量，二氧化碳的排放量）；四是环境的和谐原则。"④

中国政府的绿色行动开始于 20 世纪 90 年代，特别是 1992 年联合国环境与发展大会以来，绿色建筑得到中国政府倡导、推动，先后颁布了相关法规。例如，2006 年住房和城乡建设部颁布《绿色建筑评价标准》；2007 年，颁布《绿色建筑评价技术细则（试行）》和《绿色建筑评价标识管理办法》。2008 年成立"中国城市科学研究会节能与绿色建筑专业委员会"，并以"中国绿色建筑委员会"名义开展相关工作。

党的十六届五中全会（2005 年 10 月 8 日）明确指出，"要加快建设资源节约型、环境友好型社会，促进经济发展和人口资源、环境相协调"。绿色生态建筑正是在建筑领域贯彻落实可持续科学发展观、促进经济结构调整、转变增长方式的有效途径。

---

① 西安建筑科技大学绿色建筑研究中心：《绿色建筑》，中国计划出版社 1999 年版。

② 刘加平等：《绿色建筑——西部践行》，中国建筑工业出版社 2015 年版。

③④ 爱德华兹、周玉鹏、宋晔皓：《可持续性建筑》，中国计划出版社 2003 年版。

近十几年来，中国学者在绿色生态建筑领域进行了长期的探索，许多建筑师也开始注重生态技术的应用，并重视设计与国情的结合。

（二）可持续建筑相关研究及理论建树

可持续建筑相关研究主要侧重于几个方面，包括绿色建筑规划设计导则与评估体系研究、物理环境模拟，以及绿色建筑理论研究和地域性实践等，成绩斐然。

1. 中国绿色建筑设计与评估标准的建立

体系标准的建立，开辟了绿色建筑理论的先河。20 世纪 90 年代以来，秦佑国主持、参与"建筑设计的生态策略""中国生态住宅技术评估体系""绿色建筑规划设计导则与评估体系研究"等课题，建立了中国绿色建筑评估体系。编著《绿色建筑评估标准》（2005 年）、《建筑热环境》（2005 年）等学术著作。《中国绿色低碳住区技术评估手册》（2001 年）介绍了绿色低碳住区评估体系、减碳量化评价和评价技术指南，并结合典型实例以图文并茂的方式提出具体措施。[①]

秦佑国也是国内最早开始统计能量（SEA）、声场计算机模拟、声场动态问题有限元法研究的学者，在室内声场统计分析、几何声学方面有创造性成果。20 世纪 90 年代起秦佑国率先将建筑声学研究扩展到建筑技术、可持续建筑领域，著有《建筑声环境》（1999 年）一书。

2. 绿色建筑理论研究与西部乡村实践

（1）在绿色建筑及其践行，建筑物理的理论与应用、建筑热工与节能的基础理论和设计方法，以及民居建筑演变和发展模

---

① 聂梅生、秦佑国、江忆：《中国绿色低碳住区技术评估手册》，中国建筑工业出版社出版 2011 年版。

式的理论与实践等方面的突破。①

刘加平院士任职的"西安建筑科技大学绿色建筑研究中心"以"聚落生态文化"和节能设计方法为切入点，提出绿色窑居营建策略，并结合乡村聚落转型研究提出"整合与重构"的多维适应策略。刘院士在绿色建筑理论研究和细部实践方面卓有建树，2015 年出版《绿色建筑——西部践行》一书。

（2）西部生态脆弱地区的绿色实践。黄土高原生态脆弱，乡村人口约 5 000 万，随着城镇化进程的加快，人们对提高居住环境条件的需求日益迫切。围绕"西部绿色乡村建筑设计实践"试点示范工程，刘加平团队自 1996 年起在绿色建筑、民居的气候适应性及经验转化方面展开研究，并形成集群优势，累计在陕北、云南、西藏、四川、青海、宁夏等地主持完成多种类型低能耗建筑示范项目 100 万平方米。（见图 3 - 1、图 3 - 2）陕西省延安枣园村项目从规划、建筑、环境及能源与资源等多学科综合进行设计创作研究与试点示范工程研究，荣获 2006 年度世界人居奖（World Habitat Awards）优秀奖（Finalist）。

枣园村项目的关键内容体现在以下几个方面：

一是建筑与环境的低碳化融合。综合利用坡地，以两层为主。平面布置按使用性质进行划分，厨房、卫生间和卧室分开，室内功能分区明确，满足现代生活的需求。窑居房间平面缩小南北向轴线尺寸，增加东西向轴线尺寸。增大南窗面积，以尽可能多的获得太阳能得热，并且在一定程度上利于窑洞的后部采光。错层窑居、多层窑居与阳光间的结合体系形成新的窑居空间形态。通过不同生活组团的布局，形成丰富的群体窑居外部空间形态。避免在外围护结构设置过多的凹入和凸出，减小了体形系数，有助于减少采暖热负荷。

---

① 刘加平等：《绿色建筑——西部践行》，中国建筑工业出版社 2015 年版。

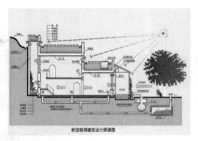

（a）第一批建成的新型窑居建筑　　（b）新型窑居建筑设计原理

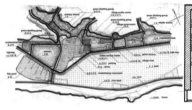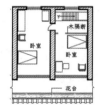

（c）枣园村规划　（d）典型新型窑居　（e）典型新型窑居
　　　　　　　　　首层平面图　　　　二层平面图

图 3 − 1　西部绿色乡村建筑设计实践 1：陕西省延安枣园村项目
图片来源：西安建筑科技大学绿色建筑研究中心。

　　二是室内热环境提升。对窑居室内热环境，主要提高了门窗入口处的保温性能，增加了门窗的密闭性能，窗户改用双层窗或单层窗夜间加保温。利用被动式太阳能采暖，如阳光间，使原来的室外门窗不再直接对室外开放，而是面对阳光间这种过渡空间。夏季，南窗设遮阳板，或综合绿化，种植藤蔓植物。同时，室内通风采用自然通风或通风竖井。自然通风简单方便，因为北面开窗，必然以损失窑洞的热环境为代价，但同时能够改善室内后部的光照环境。应用北面开窗形式时，注意尽可能缩小窗户面积，采用双层窗或设置保温装置。①

---

① 刘家平等：《绿色建筑——西部践行》，中国建筑工业出版社 2015 年版。

（a）建设过程　　　　　　（b）刘加平院士及专家团队讲解方案

（c）大坪村单体建筑实景图1　　　　（d）三口之家平面图

（e）大坪村单体建筑实景图2　　　　（f）五口之家平面图

（g）大坪村聚落建成实景

图3-2　西部绿色乡村建筑设计实践2：大坪村

图片来源：西安建筑科技大学绿色建筑研究中心。

3. 严寒地区绿色城乡聚落与建筑设计方法研究

学术界在严寒地区绿色城区及绿色建筑、严寒地区绿色村镇住居研究等方面取得突破。哈尔滨工业大学金虹团队作为研究主力，主要针对低碳城市、绿色建筑、宜居村镇展开研究。金虹主持完成近 40 项国际、国家及省市科研项目[①]，出版学术专著 5 部，主编及参编技术标准 10 部，并在严寒地区绿色城乡聚落与建筑设计方法研究方面取得一系列成果：

（1）严寒地区绿色城区及绿色建筑研究。金虹主持"严寒地区城市微气候调节原理与设计方法研究"（国家自然科学基金重点项目）、"严寒地区聚居区应对冬季极端气候的技术对策研究"等研究，从宏观、中观、微观多维层面，揭示城市微气候环境与城市空间形态及其要素的关联度，提出严寒地区城市微气候环境评价与预测模型及改善微气候的设计方法。并针对严寒地区近年出现的冬季极端气候，从防御、保护和修复三方面给出聚居区空间形态、空间要素配置以及建筑技术的防护对策；此外，合作主持了国家自然科学基金海外及港澳学者合作研究基金项目"基于环境综合性能的聚居区声景研究"，建立了声景与其他物理因子及环境综合性能的关系框架，将人工神经网络的方法以及其他相应的数学方法（包括模糊数学）运用到预测模型的研究上。

（2）严寒地区绿色村镇住居研究。金虹主持的"严寒地区乡村人居环境与建筑的生态策略研究""严寒地区村镇节能住宅设计模式的研究"以及"严寒地区村镇气候适应性规划及环境优化技术"等研究课题，在农村住宅节能、可再生资源与能源利用、住宅功能提升与环境质量改善、村庄物理环境调节等方面获得重要突破：一是针对东北严寒地区农村住宅特征，提出东北严寒地区农村住宅围护结构节能保温计算理论与构造优化方法；二是创建了东北严寒地区农村住宅绿色技术体系，提出一系列适于

---

① 金虹，http：//homepage. hit. edu. cn/jinhong。

东北农村经济技术水平、利用当地资源的低成本被动式绿色技术[1]；三是提出了新型农村住宅多元化户型设计技术与传统民居功能提升技术，构建既有农村住宅功能改善评估系统[2]；四是提出改善严寒地区村庄物理环境的多目标优化设计方法与调控技术，建立了严寒地区绿色村镇住区微气候与声环境分析系统[3]。

4. 夏热冬冷地区城市/建筑生态适应性策略研究

夏热冬冷地区城市/建筑生态适应性策略研究，在绿色建筑、生态景观、气候与都市形态之关系研究、复杂地形环境下的建筑、景观整合设计等方面取得突破。华中科技大学李保峰团队自1998年开始关注绿色建筑，从理论到实践，践行"既要做绿色的建筑，也要做美的建筑"的准则。[4] 李保峰提出，建筑的根本在于"绿色"，顺应自然，依地理和气候变化而建。基于大量调研和实验，李保峰团队针对建筑、城市及其适应性，特别是夏热冬冷地区建筑设计生态策略深入研究，在建筑表皮及其适应性的细部建构（夏天、冬天）与生态机能做法方面取得创新成果。李保峰主持"不同地理特征城市形态与微气候耦合机理及调节策略研究"（2015国家自然科学基金重点资助项目）等课题，提出了"夏热冬冷地区建筑设计生态策略"（2003年）、"夏热冬冷地区基于节能与气候适应性的城市设计策略"（2006年）、"长江中下游大中城市基于节能的城市中心区设计策略"（2009年）[5]，并针对中国具有夏热冬冷气候特征地区的城市，从城市形态、城市街区、居住小区等不同尺度探讨了城市空间形态和城市微气候

---

① 张欣宇、金虹：《基于改善冬季风环境的东北村落形态优化研究》，载于《建筑学报》2016年第10期，第83~87页。

② 金虹、陈凯、邵腾、金雨蒙：《应对极寒气候的低能耗高舒适村镇住宅设计研究》，载于《建筑学报》2015年第2期，第74~77页。

③ 金虹、康健、吉军：《既有村镇住宅功能改善技术指南》，中国建筑工业出版社2012年版。

④ 李保峰：《"绿色建筑"并不是最"舒适"的建筑》，绿建之窗，2014年5月16日，http://www.gbwindows.cn/news/201405/4894.html。

⑤ 李保峰，http://aup.hust.edu.cn/teacher/openteacher.htm? id=1。

的适应性设计策略①。

5. 低能耗技术研究

低能耗研究在建筑节能技术、绿色建筑及低能耗设计与技术研究、村镇住宅低能耗节能技术研究方面取得突破。20 多年以来，东南大学杨维菊团队的"江南水乡村镇低能耗住宅技术策略研究"项目，从气候、地理、本土材料等方面对江南水乡传统民居生态理念进行再认识，进而提出可行的适应性低能耗技术策略。②

杨维菊主编《绿色建筑设计与技术》《中外可持续建筑丛书——夏热冬冷地区建筑节能实例》《新农村住宅建设技术问答》等著作。③《村镇住宅低能耗技术应用》（2017 年）针对目前中国"美丽乡村"建设背景下村镇住宅的低能耗技术应用，涉及国内外村镇人居环境与可持续发展、江南水乡村镇低能耗住宅技术策略研究、夏热冬冷地区村镇建设低能耗技术应用、传统村镇住宅中被动式节能技术研究、村镇既有住宅建筑节能改造、村镇低能耗住宅的材料应用与检测等领域④，对中国新型城镇化背景下村镇住宅建设研究具有重要的参考与学术价值。

（三）开放建筑及其可持续性探索

开放建筑及其可持续性研究主要在开放建筑/支撑体住宅研究、开放住宅/住区再生研究等方面取得突破。

1. 开放建筑/支撑体住宅研究

开放建筑/支撑体住宅研究侧重于支撑体住宅设计理论与方法、开放建筑设计理论的开拓。鲍家声教授从事支撑体住宅建筑

---

① 黄媛：《夏热冬冷地区基于节能的气候适应性街区城市设计方法论研究》，华中科技大学博士学位论文，2010 年。

② 杨维菊、高青：《江南水乡村镇住宅低能耗技术应用研究》，载于《南方建筑》2017 年第 2 期。

③ 杨维菊，http：//www.bst-seu.net/show.asp? id = 117。

④ 杨维菊：《村镇住宅低能耗技术应用》，东南大学出版社 2017 年版。

设计及科学研究 30 余年，是国内支撑体住宅建筑及开放建筑研究的创始人，并在以下方面取得突破：

（1）支撑体住宅设计理论与方法的开拓。鲍家声教授于 20 世纪 80 年代提出了中国式支撑体住宅模型，其专著《支撑体住宅》提供了住宅设计的新理论、新方法，具有开创性意义。鲍家声最早在美国麻省理工学院（MIT）接触了"SAR"住宅设计理论，师承约翰·哈布瑞肯教授。回国后，鲍先生针对中国国情开展了支撑体住宅研究，并提出中国式支撑体住宅模型，把住宅分为两部分——"支撑体"和"可分体部分"。① 其所设计的无锡郊外支撑体住宅（1984 年）是中国第一个开放建筑的设计实践，在这一住宅试验中探讨了住户参与模式和住宅多样化的设计方法，在构建和立体空间设计方面进行了研究，创造了中国现代住宅新形象。1987 年组织召开了住宅国际会议，得到联合国人居中心资助，作为国际住房年中国政府主要活动之一，实验工程得到了国内外学者的高度评价，被誉为中国的"Bao House"。

（2）开放建筑设计理论的开拓。基于支撑体住宅研究，鲍家声将其哲学理念进一步拓展到其他类型的建筑设计（非住宅）中，探讨建筑因人、因时、因自然、因社会而变的适应性，拓展了"开放建筑"研究的内涵。1992 年，鲍家声在东南大学成立"开放建筑研究与发展中心"，研究开放建筑及其在各类工程设计中的应用，并主办、参加开放建筑国际研讨会，出版图书及会议论文集，对开放建筑的理论进行了全面系统的研究。

2. 开放住宅/住区再生研究

开放住宅/住区再生研究侧重于住区再生基础理论与优化方法、开放住宅填充体模式化研究。大连理工大学范悦团队长期从事建筑构法与设计、可持续建筑及开放住宅、住区再生等研究，主持"东北地区既有住宅病理诊断及有效修复辅助知识库研究"

---

① 鲍家声：《开放建筑思与行》，载于《建筑技术及设计》2013 年第 1 期。

等多项课题，并在以下方面取得突破：

（1）住区再生基础理论与优化方法研究。主持国家自然科学基金重点项目"北方既有住区建筑品质提升与低碳改造的基础理论与优化方法"，侧重中北方既有住区建筑品质与其碳减排策略，着眼于住区建筑的围护体系、平面布局、辅助构件以及与其相关的户外环境，旨在提升住区建筑的功能性、物理舒适性与场所性；主持"东北地区既有住宅病理诊断及有效修复辅助知识库研究"项目，构建了信息化的住宅病理诊断信息库与有效修复的辅助知识库体系，在科学决策和可信度层面为东北既有住宅维修的调查诊断、修复设计提供方法和依据。发表《东北既有住宅维护性改造的知识库构建》《既有住宅更新改造的病理现象研究》等多篇期刊论文。针对量大、面广的中国既有住宅如何创造性地解决问题，2000 年以来，引进、翻译国外有关著作，如《住区再生设计手册》①（2009 年）、《建筑再生：存量建筑时代的建筑学入门》（2014 年），在观念、方法与模式层面为中国建筑再生等问题提供了参考②。

（2）开放住宅填充体模式化研究。范悦主持的"可持续开放住宅室内填充体模式化的研究"项目，总结了中国北方地区现行家装填充体的机能性和可变性条件，归纳了填充体的模式化原则，首次将开放住宅的科学理论运用在无序复杂但规模宏大的装修领域，既拓展了开放住宅的方法，又从模数化、产业化、部品化以及多样化角度，引领同领域的科学研究。论文《可持续开放住宅的过去和现在》强调"支撑体"住宅的可持续发展特质，如结构体耐久、空间使用易更新等资源循环等要素，并基于发达国家理论与实践的系统分析，提出了在中国推广开放住宅的方

---

① 日本 MIKN 设计事务所著，范悦、周博译：《住区再生设计手册》，大连理工大学出版社 2000 年版。

② 松村秀一主编，范悦等译：《建筑再生——存量建筑时代的建筑学入门》，大连理工大学出版社 2015 年版。

法、模式及其应用可能性。①

（四）建筑安全与防灾减灾探索

建筑安全与防灾减灾研究在中国古代城市防洪策略研究、城市安全与智慧防灾研究等方面取得突破。其中吴庆洲、曾坚、赵万民、金磊、吕斌等学者为代表人物。

1. 中国古代城市防洪策略研究及突破

吴庆洲（华南理工大学）等学者率先开展中国古城防洪理论研究：首次系统地揭示了中国古城防洪体系的科学原理，揭示了历代都城防洪的科学问题，归纳了中国古城防洪体系的特点，总结出中国古城防洪的八字方略及七方面措施；指出了现代城市防洪中存在的五方面问题；完成了全国主要江河流域古城防洪体系的整体研究；提出了中国古城防洪历史经验古为今用的策略；面对我国 21 世纪城市水患风险，提出了国土、流域和城市三个层面规划和管理的减灾对策。② 吴庆洲教授所著《中国古城防洪研究》一书，拓展了建筑史学的研究范畴，为相关学科开展研究提供了重要的基础信息和科学依据。③

2. 城市安全与智慧防灾研究的突破

相关研究侧重于城市安全与智慧防灾研究，一是应对极端气候变化的滨海大城市安全战略选择与智慧型防灾策略研究，并引入数字模拟手段；二是城市群生态安全格局网络设计与安全保障技术集成与示范研究。天津大学曾坚团队及其"生态城市与绿色建筑理论研究中心"主持国家社会科学基金重点、"十三五"重点研发等重要课题。④

---

① 范悦、程勇：《可持续开放住宅的过去和现在》，载于《建筑师》2008 年第 3 期。
② 吴庆洲：《中国古城选址与建设的历史经验与借鉴（上、下）》，载于《城市规划》2000 年第 9～10 期。
③ 吴庆洲：《中国古城防洪研究》，中国建筑工业出版社 2009 年版。
④ 资料来源：天津大学生态城市与绿色建筑理论研究中心。

应对极端气候变化的滨海大城市安全战略选择与智慧型防灾策略（2012 年）的提出。曾坚团队运用遥感遥测、数字模拟等技术手段，发现滨海城镇群、高密度中心区、填海区等近海岸带城市功能拓展区域的灾害发生规律，提出滨海城市综合防灾技术体系。

基于智慧技术的滨海大城市安全策略与综合防灾措施研究（2013 年）。曾坚团队针对滨海大城市区域和我国防灾薄弱环节，基于智慧技术的应用建立涵盖城市安全战略到战术层面的决策框架，有效化解防灾战略决策难度；从对滨海大城市灾害特征与致灾机理的深入研究入手，提出其灾害防控的安全预警及应急机制、多尺度空间布局优化策略、防灾重点区域和重点问题的智慧选择模式，并完善城市防灾规范体系和管理决策系统，为我国滨海城市安全发展提供了科学的依据。[1]

闽三角城市群生态安全格局网络设计与安全保障技术集成与示范研究（2016 年）。曾坚团队以"自然—经济—文化"全面生态观为基础，探索滨海区域生态安全格局优化策略、生态空间网络建设途径、生态服务功能提升机制等战略性问题。所研发的基于动态管理的生态安全空间演化预测与配置优化技术方法、多目标导向的生态安全空间网络设计技术方法、跨学科领域的城乡典型受损空间生态综合修复与景观重建技术方法，均属我国本领域研究的创新性前沿，为国家相关战略政策落位提供支撑，弥补了我国在典型地区生态空间网络设计方法策略及机理机制研究的缺环。

曾坚提出应重视环境与生态问题，从生态学的角度来指导城市规划与优化建筑设计[2]；进而提出了基于可持续性与和谐理念的绿色城市设计理论[3]（2006 年）。

---

① 资料来源：天津大学生态城市与绿色建筑理论研究中心。
② 曾坚、侯新华：《千年转折之际亚洲建筑文化发展的新动向》，载于《建筑学报》2001 年第 8 期。
③ 曾坚、左长安：《基于可持续性与和谐理念的绿色城市设计理论》，载于《建筑学报》2006 年第 12 期。

3. 山地人居环境建设与防灾减灾研究

山地人居环境建设与防灾减灾研究侧重于西南地区，典型代表为重庆大学赵万民团队，具体对西南山地城市雨洪灾害、地质灾害防治展开研究，并基于生态安全条件提出西南山地城镇适应性规划策略。赵万民发表《西南山地人居环境建设与防灾减灾的思考》《防震视角下的山地城市防灾开敞空间优化策略探析》等文章，针对山地城市的空间布局特点，分析了防灾开敞空间的构成要素，归纳影响山地城市防灾空间布局的因素，并提出山地城市防灾开敞空间构成及评价标准的差异性，结合重庆长寿区提出山地城市防灾开敞空间的优化策略及适合山地城市自身特征的评价标准，为山地城市防灾开敞空间规划提供理论支持。①

4. "城市减灾保障"与综合减灾方法学的研究与突破

城市综合减灾方法学研究。金磊作为国内城市综合减灾、安全文化较早的发起人，所著《中国城市综合减灾对策》（1992年）、《城市灾害学原理》（1997年）是国内首次专门的相关研究成果。其研究提供了综合减灾方法学思路：一是科学体系；二是方法对策。将定性与定量相结合，并关注文化学视角和综合对策，提出了"城市减灾保障""城市社区安全及安全文化建设"等新概念。② 2004年作为领衔专家完成《北京城市总体规划（2005～2020）》防灾篇及北京市"十一五"和"十二五"城市综合减灾应急体系规划，并致力于"京津冀一体化"安全减灾的对策及立法研究。

可持续城市防灾减灾方法研究与传播。吕斌（北京大学）所著《可持续城市防灾减灾与城市规划——概念与国际经验》（2012年）一书，着重介绍了国际上在城市防灾减灾方面的经验

---

① 赵万民、游大卫：《防震视角下的山地城市防灾开敞空间优化策略探析》，载于《西部人居环境学刊》2015年第3期。
② 金磊：《城市灾害学原理》，气象出版社1997年版。

和教训；阐述了可持续城市的概念以及中国城市发展成果，分析了中国城市发展面临的自然环境挑战，尤其是持续走高的自然灾害风险；讨论了国际上常用的城市灾害管理手段（包括灾害预警、灾后援助、城市减灾工程）的弊端。通过总结城市规划和城市土地政策作为防灾减灾手段的作用，概述土地利用防灾减灾政策的分类以及政策实施与灾后复建的关系，进而提出中国城市防灾、减灾策略。①

四、传统建筑文化精髓的发掘与传承

（一）风水理论探究与创新

1. 风水理论体系研究

风水学地位、内核及其核心价值观探讨，中国古代建筑之环境观的阐释。20 世纪 80 年代以来，传统文化得到大力发展，中国建筑文化传统及理论的研究从不同层面、跨学科领域展开，学界在风水理论体系、明清皇家陵寝与园林、古代建筑图学等方面多有建树。王其亨教授认为，风水学的内核是中国古建筑理论的精华，风水学作为交叉学科，融合了地质学、生态学、景观学、建筑学、美学，是一种文化传统，应该在现代城市规划、建筑、园林设计中加以应用。王教授所著《风水理论研究》（2005 年）从风水的渊源、流派、哲学、美学、科学等层面展开讨论，解析了风水在规划选址、建筑实践中的应用，在风水与建筑文化的关联、风水存在的原因与价值等方面提供了独特的视角、方法和史

---

① 吕斌：《可持续城市防灾减灾与城市规划——概念与国际经验》，科学出版社 2012 年版。

料参考。①"风水：中国古代建筑的环境观"指出："就本质而言，风水在其悠久的历史发展中，曾经积累了丰富的实践经验，也通过理论思维，吸收、融汇了古代科学、哲学、美学、伦理学、心理学以及宗教、民俗等方面的智慧，集中而典型地代表和反映了中国传统建筑的价值取向、科学和艺术的真知，自有其历史意义和合理内涵。风水的基本取向，特别关注于人、建筑、自然的关系，即'天人'关系，其理论思维建立在中国古代哲学框架上，同左右中国古代数千年文明的'天人合一'宇宙观和审美理想，有着根本的一致。"②

2. 基于周易哲学的中国古代建筑营建思想、理论与方法的探析

传统建筑保护修缮、传统建筑设计及其理论和建筑风水、建筑环境规划设计研究。程建军教授著有《中国古代建筑与周易哲学》《风水与建筑》《中国风水罗盘》《藏风得水》《经天纬地》《燮理阴阳》等多部专著③，以《周易》哲学为依据，阐释了中国古代建筑的营建思想、理论与方法，从意、匠角度探讨中国古代建筑文化的特征与内涵④。《风水与建筑》一书着意发掘风水中的科学成分，结合现代建筑科学阐释风水理念与方法，以图去伪存真、古为今用⑤；并对八卦与建筑的关系进行讨论，解析了八卦哲理及其图式与传统建筑理念的对应关系，进而分析了中国传统建筑的设计思想和方法，从哲学高度阐释了中国传统建筑文

---

① 王其亨：《风水理论研究》（第 2 版），天津大学出版社 2005 年版。
② 王其亨：《风水：中国古代建筑的环境观》，载于《美术大观》2015 年第 11 期。
③ 程建军，http://www2. scut. edu. cn/architecture/2012/1104/c2893a101855/page. htm。
④ 程建军：《营造意匠·中国古代建筑与周易哲学·建筑家谈风水·科学看风水·中国建筑环境丛书》，华南理工大学出版社 2014 年版。
⑤ 程建军：《风水解析·风水与建筑·建筑家谈风水·科学看风水·中国建筑环境丛书》，华南理工大学出版社 2014 年版。

化的独特现象①。

3. 生态视野下的风水核心价值观及其国际地位建构

中国风水建筑文化以世界文化遗产的身份而建立。于希贤教授在联合国教科文组织发起的"世界文化多样性协同发展"大会上发表《风水，构建和谐环境的中国建筑文化》②，奠定了中国风水建筑文化作为世界文化遗产的地位。生态视野下的风水核心价值观。于希贤发表《风水的核心价值观》一文，阐释了中国古代建筑风水独特的理论、实践成就，是西方科学家眼里的"东方建筑文化生态"；指出"天人合一"是风水的核心，是天、地、人各系统之间的整体有机观。进而提出深入发掘中国古代风水思想，对当今建立开放、复杂的城市规划、人居环境建设的现实意义。③ 于希贤同时发表《中国古代风水与建筑选址》《法天象地》等著述。

4. 明清皇家陵寝与园林、样式雷及古代建筑图学研究

王其亨团队在中国古代建筑与园林、史学、图像学，遗产保护理论与实践研究、古建筑信息采集等方面持续钻研，卓有建树，研究针对明清陵墓、园林、样式雷做法及图档，《周礼》建国制度，震后文物建筑的保护与修复等问题分层次展开。主持"中国古代建筑营造文献整理及数据库建设"（国家社会科学基金重大项目）、"清代建筑世家样式雷及其建筑图档综合研究"④（国家自然科学基金重点项目），在清惠陵选址史实（2004 年）、样式雷图档的整理与清漪园治镜阁的复原研究（2005～2007年）、《营造法式》文献编纂成就（2007 年），以及涉及中国古代国土规划思想、理论、方法的《周礼》建国制度探析（2008年）等领域从多维视角提出创建性观点，其成果弥补了相关研究

① 程建军：《中国建筑与周易》，中央编译出版社 2010 年版。
② 全文刊登于《莫斯科大学学报》1988 年第 1 期。
③ 于希贤、于洪：《风水的核心价值观》，载于《建筑与文化》2016 年第 2 期。
④ 天津大学建筑历史与理论研究所，http：//arch.tju.edu.cn/。

领域的多项空白。

（二）传统建筑文化及其类型化、地域性探求

1. "建筑文化学"的创建与发展

（1）"建筑文化学"的创建。

曾任《华中建筑》主编的高介华先生注重弘扬传统文化，积极组织学会活动，率先提出创建"建筑文化学""建筑思想史"等新学科的观点。高先生主编《建筑与文化论集》（第一~八卷）、《建筑百家言》等书，是"建筑与文化"学术研究的开拓者和组织者。作为"建筑文人"和"建筑与文化"学术委员会主任委员，高介华在建筑历史、建筑文化、建筑评论等方面做出卓越贡献。同时潜心楚建筑文化研究，所著《楚国的城市与建筑》对楚文化的渊源、孕育、形成和发展提出了独特见解，将楚国的城市与建筑划分为三个时期：蒙昧及发轫时期、发展时期、衰亡时期，并对中国古代（中原和楚）城市的源流、楚建筑文化进行了探索。① 另著有"楚学文库"，包括《楚文化志》《击水词》《楚国的城市与建筑》等书。

（2）建筑文化及其新观念、新方法的研究、推进与创新。

李晓峰教授不仅作为学者持续研究中国传统建筑文化，同时积极促动建筑文化及其创新活动。作为《新建筑》主编，李晓峰以杂志为平台注重建筑文化新观念、新方法的弘扬；作为"建筑与文化学术委员会""中国传统民居研究会"组织的领导者，又积极促动相关学术活动，在本土文化弘扬和中西文化交融与创新等方面不断推进，为活跃、深化新时期中国建筑文化做出了重要贡献。

2. 中国传统建筑文化及其类型发掘

（1）"中国建筑文化研究文库"的建设。

---

① 高介华：《楚国的城市与建筑》，湖北教育出版社 2017 年版。

　　高介华主编的"中国建筑文化研究文库"丛书（国家重点出版工程），涉猎中国建筑文化多个层面，包括《中国建筑文化》（高介华、谭刚毅著）、《中国古代建筑思想史纲》（王鲁民著）、《中国风水文化源流》（王育武著）、《中国建筑形制源流》（郭华瑜著）、《中国客家文化研究》（吴庆洲著）、《中国建筑创作概论》（余卓群、龙彬著）等30余本，从多个视角对中国传统建筑文化进行了系统的梳理和研究。

　　（2）中国古代建筑哲理、意匠与文化研究。

　　吴庆洲教授在建筑史理论、传统建筑文化研究以及城乡遗产保护工程实践等方面卓有建树。著有《建筑哲理、意匠与文化》等书，他提出：中国古代哲学以天地人和谐合一为最高理想，并以此指导城市规划和建筑设计；中国古城规划和建筑设计中运用了象天法地、仿生象物等意匠；剖析了中国传统建筑文化的传承、融合与演变，为创造具有中国特色的现代建筑、城市和园林提供了理论支撑。

　　（3）中国古城军事防御体系研究的开拓。

　　吴庆洲教授开拓了中国古城军事防御体系研究，所著《中国古代城市防洪研究》等书，揭示了中国古城军事防御体系的重要特点：城池是军事防御与防洪工程的统一体，古城的水系是多功能的统一体；总结了中国古代城池利于防御的选址原理和营建技术，以及古代军事建筑的历史、分布、类型、技术、艺术特色和发展演变规律；提出了影响中国古城规划的三种思想体系，指出中国古代哲学对古城规划的深刻影响。①

　　3. 传统公共建筑与文化发掘，乡土建筑跨学科理论与方法研究

　　新时期以来，传统建筑文化、传统意象与现代设计、聚落与乡土建筑、建筑遗产保护等研究得到重视。李晓峰团队基于跨学

---

① 吴庆洲：《建筑哲理、意匠与文化》，中国建筑工业出版社2005年版。

科理论与整合的方法进行传统建筑与文化研究，并在传统书院、戏场、传统民居营建技术及其适应性、聚落变迁及其社会动力机制等领域持续研究并多有建树。

（1）文化传播视野下的传统公共建筑类型与文化的发掘，通过以"线"串"面"及多维和全局思维拓展了视角，促进建筑文化研究的体系化。

"多元文化传播视野下的皖—赣—湘—鄂地区民间书院衍化、传承与保护研究"等课题（李晓峰主持），以文化线路作为研究的主要途径，进行传统戏场、书院等乡村公共建筑的系统性整合研究，提出以"线"贯穿"面"，从多维和全局的视野来诠释研究对象的关联性；综合乡村建筑遗产与地方公共民俗活动（非遗）两类重要文化遗产进行双向联动关系的探讨；针对文化线路上各相关区域内之乡村公共建筑提出传承发展与保护利用策略。

（2）从水文看人文，多维视角下的聚落与乡土建筑文化及其动力机制的发现。

李晓峰主持"汉水流域文化线路上的聚落变迁及其社会动力机制研究"、参与"明清移民通道上的民居及其技术与精神的传承""鄂西土家族苗族传统建筑的研究、保护与利用"等课题。在国内建筑学界关于传统聚落与民居建筑研究中，从跨学科的角度，对汉江、清江、鄱阳湖、洞庭湖等流域及文化区域的聚落变迁与居住形态进行整合研究，是对既往研究中过于关注聚落本身、缺乏系统比照的一个突破；从水文看人文的研究范式的探索，借鉴历史地理的研究成果，寻找和验证流域聚落形态、分布特征与其自然环境变迁的内在联系，从而扩展聚落研究的视角与空间。①②

---

① 张乾、李晓峰：《鄂东南传统民居气候适应性研究》，载于《新建筑》2006年第1期，第26~30页。

② 陈茹、李晓峰：《鄂东北传统山地聚落形态特征及其成因探析》，载于《华中建筑》2016年第11期。

（3）乡土建筑的跨学科研究理论与方法。

李晓峰所著《乡土建筑：跨学科研究理论与方法》，整合了社会学、人文地理学、传播学、生态学等学科理论，探讨了当代多维视野中乡土建筑历史、现状和发展等方面的诸多问题，进而构建了乡土建筑研究的理论框架，从研究和实践层面提出乡土建筑保护与更新的模式。① 李晓峰、谭刚毅所著《两湖民居》一书，系统阐述了两湖聚落形态及其文化传承，并对两湖民居类型与空间形态、营建技术与材料构造等进行了系统的提取、梳理与展示。② 李晓峰、谭刚毅所著《湖北古建筑》一书，系统论述了湖北地区古代建筑发展状况以及各类极具代表性的建筑案例的分布及特点，不仅展现了我国古建筑的地域性建造智慧，还对其历史文化、人文特点等作了综合阐释，对于弘扬和传承中国建筑文化、保护优秀建筑遗产具有重要意义。

（三）地域文化类型与乡土建筑的可持续性探求

1. 广义地域性建筑、地域营建体系、谱系的提出

现代地域主义最早活跃于 20 世纪初的美国和北欧。赖特的草原住宅及其有机建筑思想、阿尔托的森林空间和富有人情化的建筑，具有开创性意义。理论上，芒福德、A. 楚尼斯与弗兰姆普顿为领军，批判的地域主义强调对建筑的建构要素的实现和使用，提倡用选择和分离性的手法对地域原始的建筑要素进行解析或将片段注入建筑整体。

"广义地域性建筑"的提出（2003 年）。曾坚教授在《多元拓展与互融共生——"广义地域性建筑"的创新手法探析》中，系统总结了传统地域性与广义地域性建筑的艺术特征、哲学观念

① 李晓峰：《乡土建筑：跨学科研究理论与方法》，中国建筑工业出版社 2005 年版。

② 李晓峰、谭刚毅：《两湖民居》，中国建筑工业出版社 2010 年版。

与一系列创新设计手法，并指出："广义地域性建筑是当代建筑创作中一种重要的探索方向，其观念变革表现在边缘拓展、对立融和以及多维探索等方面"，归纳了"再现与抽象""对比与融合""隐喻与象征"以及"生态与数字化"等建筑创新手法，并分析了广义地域性建筑的一种特例——"高技乡土"等设计手法。[①]

地域性建筑谱系及其演变研究。常青、段进、罗德胤等学者在相关领域（2000～2016年）提出了富有创建性的观点与方法。常青院士认为，快速城镇化背景下，"唯厘清其在各地域的分布、谱系和类型，方能把握保护与再生的研究方向和工作重点"，而谱系的建立可先依据文化地理对风土建筑区域进行划分，后以民族、民系的语族—语支为谱系划分。[②]

"地域营建体系"的提出。2005年以来，王竹教授以"地域基因"概念及方法作为研究途径，提出了"地域营建体系"，主张建立地域基因库与适宜性的技术支持体系，从参与者、技术体系、营建机制等多维视野构建可持续发展的体系[③]，并通过黄土高原窑居住区营建、浙江乡村和韶山设计实践进行了验证性尝试。《多维视野下地区建筑营建体系的认知与诠释》（2015年）以系统的人居环境观点，借鉴文学批评中的原型、生命科学的基因、控制论下的系统工程方法、拓扑几何学等相关学科的原理与规律，从多维视角诠释了地区建筑营建体系的策略与方法。[④]

乡土建筑设计技术系统框架的建立。李浈教授编撰的《不同

①　曾坚、杨崴：《多元拓展与互融共生——"广义地域性建筑"的创新手法探析》，载于《建筑学报》2003年第6期。

②　常青：《我国风土建筑的谱系构成及传承前景概观——基于体系化的标本保存与整体再生目标》，载于《建筑学报》2016年第10期。

③　王竹、魏秦、贺勇：《地区建筑营建体系的"基因说"诠释——黄土高原绿色窑居住区体系的建构与实筑师》，载于《建筑师》2008年第2期。

④　王竹、魏秦：《多维视野下地区建筑营建体系的认知与诠释》，载于《西部人居环境学刊》2015年第3期。

地域特色传统村镇住宅图集》打破了行政地理界线，以形制和营造方式为根本，结合地域人文特征的纵向发展和横向对比，进行中国乡土建筑营造谱系和区划划分，建立了乡土建筑设计技术系统的构成框架，强调了"低技术"的重要性。[①]

2. 传统民居/乡土建筑的研究与实践不断深化

中国乡土建筑研究始于刘敦桢 20 世纪 40 年代对西南建筑的调查与研究。刘敦桢所著《中国住宅概论》（1957 年）、刘致平所著《中国居住建筑简史》等，对中国民居进行了整体的梳理和展现。从"住宅研究"到"民居研究"的拓展，从"大宅形制"到"乡土风格"的转向等，改变了中国建筑历史研究的历史观、建筑观、设计观。

20 世纪 90 年代以来，乡土建筑研究开始注重文化传统挖掘。单德启先生所著《中国民居》，探讨了生活在传统民居中的人的生活习俗、行为特征与空间模式的互动[②]，围绕具有典型性和普遍性的聚落，分析了各类传统民居的类型、特征、成因与流传价值，通过趣味性的传说与故事，给人以鲜活的真实感和生动的画面感。

乡土建筑从单一学科走向多学科交叉融合。2000 年前后，对乡土建筑的认识从建筑学单一学科走向多学科交叉融合、多维视角展开。以陆元鼎先生主编的《中国民居建筑丛书》和孙大章先生所著的《中国民居研究》为代表，研究领域从单纯的建筑空间、构件等纯物质范畴扩大到传统、文化、传承流变等非物质因素。一方面，对建筑本体的研究更加深入，注重挖掘"形式背后的特质"；另一方面，研究更广阔地域范围内的"民系""谱系"划分以及从模式系统等方面横向构建营造体系。[③]

---

① 杨毅、李渼：《不同地域特色传统村镇住宅图集（中）》，《中国计划出版社》2014 年版。

② 单德启等：《中国民居》，五洲传播出版社 2003 年版。

③ 陆元鼎、潘安：《中国传统民居营造与技术》，华南理工大学出版社 2002 年版。

地域性探求：多维视角下的广东民居。陆琦教授编著的《广东民居》从地理环境、自然气候、人文习俗、民族迁移、社会进展等视角介绍了广东民居特色，包括广府、潮汕、客家建筑文化三大体系，以图文模式展示了传统聚居形态和空间格局，提炼了各体系民居特征及其技术、艺术和营建经验，并提出历史街村与民居建筑的保护、持续发展策略。① 陆琦、唐孝祥、廖志所著《中国民族建筑概览（华南卷）》，从文化、风土、空间与建筑形态等角度研究华南地区的民族建筑，描述了岭南、潮汕、客家、壮族、瑶族、黎族以及港澳各民族建筑的概貌。②

复合文化视角下的滇西北民居研究。单军教授的《滇西北民族聚居地建筑地区性与民族性的关联研究》（2012 年）提出滇西北地区民族聚集地建筑地区性与民族性的关联性规律及其影响因子，并阐释了中国民居的复合文化意义，引入人类学、社会学、民族学、语言符号学等研究方法，关注当代地区性和民族性的关联互动作用。归纳土家族民居空间的生活化转型、平面的异化生长和功能的"现代化"等变迁特征，并提出建筑地区性的环境适应性模式和策略。③

多元文化视角下的东北民居研究渐成体系。周立军、陈伯超、张成龙、金虹等学者所著的《东北民居》（2010 年），分别从东北地区汉族、满族、朝鲜族等传统民居展开研究，对其聚落形态、建筑与空间类型、生态营造技术、装饰艺术加以探讨，归纳了东北传统民居的类型与演变特点、相互影响与借鉴。④ 金虹、周立军在东北民居的原型、文化生态、识别系统，严寒气候

---

① 陆琦：《广东民居》，中国建筑工业出版社 2008 年版。
② 陆琦、唐孝祥、廖志：《中国民族建筑概览（华南卷）》，中国电力出版社 2007 年版。
③ 单军、吴艳：《地域性应答与民族性传承——滇西北不同地区藏族民居调研与思考》，载于《建筑学报》2010 年第 8 期。
④ 周立军、陈伯超、张成龙、金虹：《东北民居》，中国建筑工业出版社 2010 年版。

区适应性、节能技术措施、东北汉族合院式空间、满族民居演进等方面的研究取得突破。① 周立军教授发表《东北满族民居演进中的文化涵化现象解析》② （2007 年），从民族精神、文化的传播、变迁及其涵化等方面展开研究，探讨了东北满族民居的演进过程与特征③。汤璐、周立军所著的《东北严寒地区民居可持续建筑材料的应用研究》针对寒地民居建造中能耗大、污染重的问题，提出适合东北严寒地区民居的可持续建筑材料类型与方法。④ 金虹教授长期致力于东北严寒地区绿色乡村与城市聚落研究⑤，在关键性节能技术等层面取得突破性进展（见本章可持续研究部分）。朴玉顺教授潜心东北朝鲜族、满族民居研究，其《朝鲜族的生活模式对其民居室内空间的影响》（2004 年）一书从环境心理学视角解析了朝鲜族的生活模式与空间构成要素关系，所参与的《不同地域特色传统村镇住宅图集》建立了朝鲜民居的类型体系。⑥

　　环渤海乡村住居文化的系统发掘及其传承策略的提出。2000 年以来，大连理工大学李世芬团队，打破了行政区划，引入文化传播理论和气候适应理念，针对环渤海地区传统住居文化类型及其动力机制、北方半岛乡村之聚落、建筑类型适应性方法展开探索。主持"传播学视野下的环渤海住居文化及其传承策略研究""辽东半岛乡村生态宜居模式研究""辽南海岛民居适应性策略

　　① 金虹、赵华：《严寒地区低密度住宅节能设计策略》，载于《哈尔滨工业大学学报》2006 年第 9 期。

　　② 周立军、李同予：《东北汉族传统民居形态中的生态性体现》，载于《城市建筑》2011 年第 10 期。

　　③ 周立军、卢迪：《东北满族民居演进中的文化涵化现象解析》，引自《第十五届中国民居学术会议论文集》2007 年版。

　　④ 汤璐、周立军：《东北严寒地区民居可持续建筑材料的应用研究》，引自《第二十届中国民居学术会议论文集》2014 年版。

　　⑤ 金虹等：《既有村镇住宅厨卫功能提升改造参考图集》，中国建筑工业出版社2012 年版。

　　⑥ 同济大学建筑与城市规划学院：《不同地域特色传统村镇住宅图集》，中国建筑标准设计研究院出版社 2011 年版。

与方法研究"等课题，发表相关论文30余篇。

（1）以文化系统、气候适应理念切入地域性乡村住居研究，提出"环渤海住居文化"概念。整合研究打破行政区划，引入地理学、文化传播学、语言学等视角、方法，系统发掘、发现区域乡村聚落类型、分布特征及其动力机制①；初步建立的整体地区数据库，弥补了相对分散、缺乏系统研究的缺憾②③；引入气候适应理念和数值模拟方法，定性、定量提取、解析北方半岛乡村之聚落、建筑类型，并推演其优化模式与方法。

（2）引入多维"适应性"概念，针对转型时期、特定地理、文化和经济区域条件，结合农（渔）民生产、生活特点，提出文化传承策略和绿色乡村住居模式。发掘、提炼了北方半岛（辽东半岛、山东半岛）传统基因及关键要素，包括文化类型、聚居模式、生产类型、生态营建技术④；初步建立了地区住居文化、适应性聚居模式数据库；提出转型时期的"血缘聚落"模式；基于定性、定量分析提出满足农民最低保障的生活/生产设施数据模型、住居模式⑤。

术业专攻：聚落变迁与长城军事聚落研究。张玉坤团队（天津大学）在人居环境与生态建筑、聚落变迁与长城军事聚落、设计形态理论等研究方面颇有建树。主持"明代海防军事聚落与防御体系整体性研究"等课题，编著《军事村落——张壁》《戍海固防——海上安全环境与海洋权益维护》等书籍。论文《中国

---

① 李世芬、杜凯鑫、赵嘉依：《基于风土观念的胶辽民系及其特征探析》，载于《华中建筑》2019年第6期。

② 李世芬、宋文鹏、王梦凡：《传播学视域下的环渤海乡村住居形态研究》，第十五次建筑与文化国际学术讨论会，成都，2016年。

③ 李世芬、李思博、于璨宁：《文化交融中的辽西合院住居文化研究》，载于《华中建筑》2019年第4期。

④ 李世芬、冯路、宋盟官、杨雪：《炕文化及其形式类型》，载于《华中建筑》2007年第5期。

⑤ 李世芬、赵琰：《辽南地区绿色渔民住居营造策略探讨》，载于《大连理工大学学报（社科版）》2008年第3期。

古代城市规划"模数制"探析——以明代海防卫所聚落为例》以卫所聚落为例,探讨了明代海防卫所聚落在城池总体规模和内部布局两个层面的模数化思想①;《明代北边战事与长城军事聚落修筑》一书,运用史料研究与定量分析相结合的方法,分析了战争与军事聚落修筑间关系,认为确定两者的相关程度及影响机制,"可以更深层次地发掘长城军事聚落的分布规律和规划思想",为解释明代北边军事防御体系的历史发展提供科学依据②。

总体来看,当前国内乡土与民居研究更具学理性和系统性。基于文化多样性,研究内容更加深入、具体和丰富,并由独立研究拓展到体系、比较研究。方法、模式不断创新,正在突破技术思维,从参与者的"反身性""能动性"等多维视角展开,为社会学、人类学等学科交叉提供了有益的启发。相关学者针对不同地区、从不同层面进行的探索,为相关研究提供了可资借鉴的理论和经验。

3. "气候适应性"与"聚落生态文化"——多维适应性理念的提出

适应性(adaptation)最先出自达尔文的进化论,"气候适应性"指建筑对应气候环境改变产生一种相互适应的状况,是其在大环境系统中的互动过程。劳伦·亨德尔森发展了达尔文的适应观,认为适应理念是有机体与环境双向互动性和共存性的整体协调关系,强调各种因素相互作用、关联,各有机体为适应这些影响而产生变化。2000年以来,可持续发展观对乡土建筑的气候适应性研究起到了推动作用。查尔斯·柯里亚总结出一系列适宜印度气候条件和生活方式的建筑模式语言,在低造价住宅中创造了人性化的舒适环境。马来西亚的杨经文创造性地在热带高层建

---

① 尹泽凯、张玉坤、谭立峰:《中国古代城市规划"模数制"探析——以明代海防卫所聚落为例》,载于《城市规划学刊》2014年第4期。

② 张玉坤、范熙晅、李严:《明代北边战事与长城军事聚落修筑》,载于《天津大学学报》(社会科学版)2016年第2期。

筑中应用生物气候学理论进行建构实践。总之，世界建筑界对乡土建筑气候适应性研究主要集中在两个方面：一是传统建筑气候适应性的分析与评价；二是气候适应性经验的转化。中国学者也针对特定地区的民居适应性展开研究，并在概念拓展及其实践方面取得突破性进展。伴随着世界建筑的发展，中国建筑界开始关注乡土建筑的适应性并进行探索。

"聚落生态文化"、民居空间形态适应气候的调节策略研究。刘加平院士及其团队自 1996 年起在民居的气候适应性及经验转化方面展开研究，并形成集群优势。他们基于对延安窑洞、藏族聚落等的设计研究，对传统居住形态中的"聚落生态文化"和节能设计方法进行了长期探索，提出绿色窑居营建的策略；并结合乡村聚落转型研究提出"整合与重构"、高原环境和民族文化的适应性等观念[1]。王军、董芦笛、谭良斌、张群、靳亦冰、崔文河等学者基于西北五省传统聚落的研究，提出传统聚落划分模式、民居空间形态适应气候的调节策略、组合调节模式等[2]；论文《新型城镇化导向下西北地区乡村转型研究》（2015 年）提出转型时期的绿色乡村聚落建设模式[3]。

多维适应理念的提出，推进并丰富了建筑"适应性"规律的理论内容。唐孝祥教授基于岭南汉族民居自然适应性研究，进一步提出社会适应性（适应经济、政治、宗教等）及人文适应性（反映特定价值观和审美理想）观念。他结合岭南汉族民居研究，提出建筑发展以自然适应性为前提条件、以社会适应性为根本动力、以人文适应性为价值指归的观点，深化、拓展了适应

---

① 刘加平、何文芳、胡冗冗：《秦岭乡土民居自发演进的适宜性研究》，载于《华中建筑》2011 年第 7 期。

② 崔文河、王军：《多民族聚居地区传统民居更新模式研究——以青海河湟地区庄廓民居为例》，载于《建筑学报》2012 年第 11 期。

③ 靳亦冰、李钰、王军、金明：《新型城镇化导向下西北地区乡村转型研究》，载于《新建筑》2015 年第 1 期。

性的内涵①，总结汉族传统村落与民居体现追求天人合一的环境理想，奉行五位四灵的环境模式，主张体宜因借的环境意向②。

4. "适宜技术"（adapted technology）观念及其本土化转换

"适宜技术"的前身为"中间技术"。20 世纪 60 年代，舒马赫（E. R. Schumacher）在著作 *Small is beautiful* 中首次提出"中间技术"，指出最合理的经济方式是用地方资源的生产来满足地方需要。③ "中间技术"是指一种趋向大众化的生产技术，其实施主要依靠现代化科学知识和工作经验；尽量少的使用稀缺资源与材料；尽可能地减少对人类及生态环境的影响。1999 年世界建筑师大会明确提出了"适宜技术"的概念与目标，其理论概念和技术的内涵是对中间技术的拓展。"适宜技术"是一种因地制宜、适应生态环境的技术，包含现实性、经济性、地域性三大特征。其核心观点是根据一个地区对技术的接受能力来选择最适应本地区经济与生态环境的技术。

地方性建筑与适宜技术研究，双向适应理念的提出。2007年，陈晓扬、仲德崑教授著写《地方性建筑与适宜技术》，从自然、经济和文化三个视角探讨了适宜技术在地域性建筑中的应用，针对中国国情与地方现实，提出三种策略：一是在自然、经济和文化层面提出适宜技术保护和回应地方自然环境的策略；二是在自经济层面提出适宜技术如何适应并促进地方经济；三是在文化层面提出适宜技术回应并发展地方文化的策略。④ 陈晓扬主张，在借助现代化技术对乡土建筑进行评估和改良上，采用适宜技术策略能够达到对区域内部现实条件和外部社会与技术的双向

---

① 唐孝祥：《简论岭南汉族民居建筑的适应性》，载于《南方建筑》2008 年第5 期。

② 唐孝祥：《岭南近代建筑文化与美学》，中国建筑工业出版社 2010 年版。

③ E. F. Schumacher, Bill McKibben. *Small Is Beautiful: Economics as if People Mattered*. HarperCollins Publishers, 2010.

④ 陈晓扬、仲德崑：《地方性建筑与适宜技术》，中国建筑工业出版社 2007 年版。

适应。①

黄土高原小流域人居环境适宜性评价方法的提出。2008年，周若祁、虞春隆、于汉学等学者针对黄土高原气候地理特征和住居特点提出了小流域人居环境适宜性评价方法，以及黄土高原沟壑区村镇体系、生态城镇整合与协调发展策略。② 同时运用地理信息系统（GIS）对马山峡小流域人居环境进行分析，通过对流域边界、水网、剖面及居民点特征分析获取量化的数据和图式，在方法层面实现了飞跃，提供了高效的手段和科学的依据。③

生态农宅的适宜技术探索。2001年，宋晔皓教授撰文《关注地域特点，利用适宜技术进行生态农宅设计》，以苏南地区张家港市为研究对象，通过计算机温度模拟、自然通风模拟分析发现张家港市农宅设计存在问题，提出结合当地具体条件合理的建构生物气候缓冲层，从而优化建筑空间环境，达到舒适、节能、可循环的目的。④

五、文化交融中的新中国建筑文化探索

（一）新中国建筑文化的整体性探索

改革开放以来，关于新中国建筑文化研究，彭一刚、邹德侬、程泰宁、曾坚、顾孟潮、王明贤、刘丛红、李世芬、张向炜

---

① 陈晓扬：《当代适用技术观的理论建构》，载于《新建筑》2005年第6期。
② 虞春隆、周若祁：《基于栅格数据的小流域人居环境适宜性评价方法研究》，载于《华中建筑》2008年第1期。
③ 虞春隆、周若祁：《GIS在黄土高原小流域人居环境研究中的运用》，载于《工业建筑》2008年第1期。
④ 宋晔皓：《关注地域特点，利用适宜技术进行生态农宅设计》，引自中建建筑承包公司：《中国绿色建筑/可持续发展建筑国际研讨会论文集》，中国建筑工业出版社2001年版。

等专家、学者进行了长期的探索，并从不同角度做出了创建性的贡献。

1. 新中国建筑文化与价值体系的整体探究

中国现代建筑史研究。20 世纪 80 年代以来，邹德侬教授主持编写《中国现代建筑史》《中国当代建筑史》等书，系统归纳了 1949 年中华人民共和国成立以来的中国建筑历史。邹德侬与王明贤、张向炜合著的《中国建筑 60 年（1949～2009）：历史纵览》，全面论述了 60 年来（1949～2009 年）新中国的典型建筑现象、事件、人物、理论与作品，是对 60 年来中国建筑历史客观、完整的总结。① 该书场面恢宏、内容丰富，兼具学术性和资料性，具有重要的史料积累和学术研究价值，是研究中国现代建筑的重要著作。邹德侬同时主持、参加《改革开放 20 年引进外国建筑设计及其理论的影响及前瞻》《建筑艺术全集——现代卷》等的编撰，并发表论文探索中国建筑的现代性以及理论引进的经验与教训②，为新中国建筑文化的整体性研究做出了重要贡献。

建筑创作本体性与价值观念研究。邹德侬先生的另一个关注点是关于建筑创作的价值观念引导，主张淡化"风格""流派"③，倡导追求真正的"优秀建筑"，构建建筑理论标准，研究建筑理论、建筑评论、建筑评优、优秀建筑的相互关系，体现以本体论为依据的研究前提，探讨一个倡导优秀建筑的自然机制④。

中国特色当代建筑理论框架的建构和探讨。曾坚、刘丛红、赵建波教授在西方当代建筑理论与思潮、中西方当代建筑比较、

---

① 邹德侬、王明贤、张向炜：《中国建筑 60 年（1949－2009）：历史纵览》，中国建筑工业出版社 2009 年版。

② 邹德侬：《从半个后现代到多个解构——三谈引进外国建筑理论的经验教训》，载于《世界建筑》1992 年第 8 期。

③ 邹德侬、杨昌鸣、孙雨红：《优秀建筑论——淡化"风格""流派""创造"优秀建筑》，载于《建筑学报》2006 年第 1 期。

④ 邹德侬：《适用、经济、美观——全社会应当共守的建筑原则》，载于《建筑学报》2006 年第 1 期。

建筑设计与可持续发展等方面各有建树。论文《理论万象的前瞻性整合——建筑理论框架的建构和中国特色的思想平台》（2002年）全面总结了中国地域性建筑的成就、局限，并给出可持续发展的前瞻性结论。邹德侬、赵建波、刘丛红撰文指出，面对当今世界许多现实问题，建筑理论须以前瞻性的思考整合纷纭万象，回归到传承成果、解决现实、不断创新的基本理论上来，而整合的原则应是创新加进步，并以图解表达试图建构建筑理论框架，提出将普适性的理论框架中国化，形成研究体现中国特色的思想平台。①

2. 当代中国建筑设计现状与发展研究

中国现代建筑的发展道路探求。程泰宁院士与"东南大学建筑设计与理论研究中心"密切关注中国现代建筑的发展。2011年，程泰宁主持中国工程院咨询研究项目"当代中国建筑设计现状与发展"，课题成果《当代中国建筑设计现状与发展》聚焦建筑创作，从"历史回顾、现状问题、发展策略"三个层面展开，集中讨论了21世纪以后建筑创作面对的主要问题与未来发展方向②，在当代中国建筑现状研究的基础上，对中国的建筑设计行业和建筑从业者的未来发展提出策略思考和相关建议。研究一是注重时空结合：将当代中国建筑设计研究放在社会发展背景过程中历时研究；二是注重理论与实践结合：通过案例和调研发现的问题有针对性地研究，改变理论与实践脱节的争议；三是学术与社会结合：面向民众，关注社会，致力于研究的有效性和影响力，为建筑设计、决策及管理提供全景视点和决策参考。程泰宁指出："当下的中国建筑有三大困扰：价值判断失衡、商业气息太浓，各大城市的建筑崇洋媚外，受领导决策的影响较大"，这

---

① 邹德侬、赵建波、刘丛红：《理论万象的前瞻性整合——建筑理论框架的建构和中国特色的思想平台》，载于《建筑学报》2002年第12期。
② 当代中国建筑设计现状与发展课题研究组：《当代中国建筑设计现状与发展》，东南大学出版社2014年版。

些问题亟待解决。①

程泰宁院士善于将理论研究与实践密切结合，其设计将现代理念和东方文化结合，所创作的加纳国家剧院、浙江美术馆、马里会议大厦手法新颖并承继传统，为国内外重要的特色建筑。

《中国工程院院士文集——语言与境界》集中反映了程泰宁院士的建筑哲学观以及对中国建筑的深层思考与剖析。书中用当代思维反思传统，以西方方法比较中国精神，既从刘勰《文心雕龙》入手从中国文化看中国建筑，又以丹纳《艺术哲学》角度切入，从西方艺术史、美学角度入手剖析中国传统建筑的利与弊，指出学习西方更多应关注其精神层面。基于历史与未来、东方与西方、地域与文化的思考，程院士提出"立足此时，立足此地，立足自己"的创作主张，强调"建筑有它的唯一性"。②

（二）建筑批评学与"建筑评论"体系的建构

1. "建筑评论"体系的建构

建筑评论体系与方法建构。郑时龄院士建构了"建筑评论"体系；提出了一整套建筑评论的具体方法。郑时龄善于运用建筑本体论以及与之相对应的方法论，并引用中、西方人文主义思想探讨建筑理论，将设计与建筑理论相结合，将学术思想融于建筑教学之中，形成自成一体的建筑教学思想，建立了"建筑的价值体系与符号体系"理论框架，奠定了建筑批评学的基本理论。其专著《建筑理性论》《建筑批评学》建立了"建筑的价值体系和符号体系"这一具有前沿性与开拓性的理论框架。以批判精神面向未来建筑的发展，奠定了这门综合学科的理论基础，填补了该领域的空白，并应用该理论在上海建筑的批评与建设实践中起了

---

① 《院士批央视"大裤衩"：造价超高挑战安全底线》，载于《现代快报》2015年1月7日，http://news.sohu.com/20150107/n407603714.shtml。

② 程泰宁：《中国工程院院士文集——语言与境界》，中国电力出版社2015年版。

重要的作用。

2. 建筑美学与评论，当代建筑文化与美学研究

顾孟潮、王明贤等学者是 1980～2000 年较为活跃的建筑媒体人，其推进了当代中国建筑文化与美学的进程。

学科交叉中的当代建筑文化与美学研究与创新。王明贤认为，"中国古建筑最能表现中国人的宇宙感，是中国文化的基本象征物"，指出"中国古建筑既有形而上的意义，又有形而下的功能"，既反映了中国人心中的宇宙图案，又"可行""可望""可游""可居"，可谓美学国人理想的真实载体。[①] 顾孟潮、王明贤、李雄飞编著的《当代建筑文化与美学》[②]（1989 年）、《中国建筑美学文存》《中国建筑 60 年（1949～2009）》（合著）等书，为中国建筑文化及理论研究的深入化和系统性做出贡献。王明贤作为中国著名当代建筑批评家，曾先后担任《建筑师》杂志主编、中国艺术研究院建筑艺术研究所副所长等职务。作为编辑和组织者，他一度借助媒体平台推动中国建筑文化的活跃和发展；而作为学者，他又潜心研究新中国美术史、建筑美学、中国当代建筑文化。依托《建筑师》杂志平台，王明贤曾发起组织"建筑与文学"研讨会（1993 年在南昌召开第一次会议），基于学科交叉讨论建筑问题，在内容上具有创新意义。

3. 建筑批评学，当代中国建筑实践评论

建筑批评的理论和方法。支文军、徐千里所著《体验建筑——建筑批评与作品分析》，阐述了建筑批评的理论和方法，强调了建筑之于人的生命活动的重要性，并且与人的存在状态的本质关联，这种对人的关注是一切批评的出发点。提出建筑批评的真正任务是倡导，而对于建筑思想、现象和作品的描述、阐

---

① 王明贤：《中国古建筑美学精神》，载于《时代建筑》1992 年第 4 期。
② 顾孟潮、王明贤、李雄飞：《当代建筑文化与美学》，天津科学技术出版社 1989 年版。

释、分析乃至判断都只不过是批评的途径和手段。在当代中国社
会的转型期间，建筑与其他一切文化艺术领域都迫切需要理性的
批评与指导。①

当代中外建筑实践评论。支文军、戴春等主编的《中国当代
建筑 2008～2012》，关注国际思维中的地域特征，以特有的学术
敏感性和批判性介入中国当代建筑的评论，在持续关注和研究的
基础上形成了独特视角。② 支文军、张兴国、刘克成主编的《建
筑西部：西部城市与建筑的当代图景（理论篇）》，从理论的角
度对独特的历史人文地理环境下西部城市与建筑的发展特质、所
面临的机遇与挑战作了深入的剖析，展现了传统的西部城市与建
筑的基本特征、历史文化和传统建造方式，探讨了西部历史文化
的保护与更新、生态问题和建筑生态技术方面的对策。③《马里
奥·博塔》等书对国外建筑师关于建筑、场所、形式语汇等创新
展开评述，且评论基于国际视野。

六、文化传承中的建筑遗产保护之路

2000 年以来，中国建筑遗产保护研究不断深化，并在城市
与建筑遗产保护的绿色途径、建筑遗产的数字化保护与更新研
究、古城保护、历史建筑工程学探求、古迹遗址保护与更新等方
面取得突破。

（一）城市与建筑遗产保护的绿色途径

多学科交叉研究及其重量级团队建构。2008 年东南大学建

---

① 支文军、徐千里：《体验建筑——建筑批评与作品分析》，同济大学出版社
2000 年版。
② 支文军、戴春：《中国当代建筑 2008－2012》，同济大学出版社 2013 年版。
③ 支文军、张兴国、刘克成主编：《建筑西部：西部城市与建筑的当代图景
（理论篇）》，中国电力出版社 2008 年版。

筑学院牵头成立了"城市与建筑遗产保护教育部重点实验室"①，主要有四个研究方向：一是东亚城市与建筑遗产保护理论与方法研究，负责人为朱光亚教授，团队成员为陈薇教授、张十庆教授、韩冬青教授、段进教授等；二是建筑遗产的性能退化机理研究；三是城市与建筑遗产保护的绿色途径研究；四是城市与建筑遗产保护数字化方法研究。该机构组织架构具有多学科交叉与多校合作的特色，郑时龄院士担任主任，吴硕贤院士、王其亨教授、刘克成教授均参与其中。

大运河沿线城市与建筑遗产研究。20 世纪 90 年代以来，陈薇教授将运河沿线城市纳入研究视野，突破了传统城市研究的范畴；主持"元明清时期运河沿线城市与建筑研究"，参与"空间信息技术在大遗址保护中的应用研究（以京杭大运河为例）"②，出版著作《走在运河线上——大运河沿线历史城市与建筑研究》（上下卷，2014 年）等。该书的具体研究对象为：一是大运河与城市研究，注重探讨城市格局的形成、发展与运河之间的关系，侧重内在动因和规律的发掘；二是大运河与建筑研究，将建筑或园林及相关生活放在城市背景下进行考察、思考，城市和建筑交错，互为中心、边缘与交接，见树见林。③

保护规划标准的编制。2007 年以来，朱光亚团队开始大运河江苏段保护及申遗的组织和实施工作，研制完成《大运河江苏段保护规划编制标准》，又与中国文化遗产研究院侯卫东总工程师共同领衔，先后合作研制《大运河遗产保护规划第一阶段编制要求》《大运河保护第二阶段保护规划编制要求》，经国家文物局颁布后，指导了全国运河沿线 8 个省、直辖市与 33 个地级市

---

① 张颀：《浅析旧建筑外部形态重构》，载于《新建筑》2006 年第 2 期。

② 陈薇，http：//www.chinaasc.org/news/115664.html。

③ 陈薇等：《走在运河线上（大运河沿线历史城市与建筑研究）》，中国建筑工业出版社 2013 年版。

的大运河遗产保护规划编制工作。①

后工业时代产业建筑遗产保护更新。2008 年以来，王建国等专家所著《后工业时代产业建筑遗产保护更新》，内容围绕产业建筑保护更新展开。② 该书提出了产业建筑价值评定的标准，以及保护和再利用的策略/方法/手段等分类标准；针对中国案例提出了改造手法；建立了产业建筑保护理论与方法体系。

（二）建筑遗产的数字化保护与更新研究

建筑遗产保护、测绘与数字化记录的研究与突破。2009 年以来，王其亨、吴葱教授及其"建筑历史与理论研究所"在建筑遗产保护、建筑遗产测绘与记录研究方面不断创新。团队从管理、技术体系和实践操作等层面对建筑遗产记录进行规范，提出高效的管理体系，以及"涵盖基本准则、实践指南、技术规范三级层次的技术体系"，从可操作角度提出现场记录的策略和方法。③ 王其亨主编的《古建筑测绘》作为建筑类专业教材，包括建筑测绘的基本理论、测量学知识及其应用，通过从单体建筑测绘（含古建筑变形测量）到总图测绘的方法与细节，以及测绘新技术如数字近景摄影测量、全球定位系统（GPS）、GIS 等技术方法的介绍，为范图和经典作品提供了具体参考，弥补了建筑教育中文物保护内容的不足，也为建筑遗产保护及其测绘提供了规范、实用的方法参考。④

建筑文化遗产保护传承与当代信息技术探讨，多学科交叉融合的研究与突破。张玉坤教授及其"建筑文化遗产传承信息技术

---

① 陈薇，http：//www.chinaasc.org/news/115664.html。
② 王建国等：《后工业时代产业建筑遗产保护更新》，中国建筑工业出版社 2008 年版。
③ 吴葱、刘畅：《考古学与建筑遗产的测绘研究》，中国紫禁城学会第七次学术研讨会，2010 年。
④ 王其亨主编，吴葱、白成军编著：《古建筑测绘》，中国建筑工业出版社 2007 年版。

文化部重点实验室"，在国内率先开展明长城和海防体系的整体性研究。基于传统考古学方法，他们利用最新测绘技术如 GPS 定位系统、无人机等航拍设备等技术，为建筑文化遗产的原真性、整体性保护提供了理论依据和技术支撑。①

近现代工业遗产保护体系研究。张颀教授及其"中国文化遗产保护国际研究中心"，促进了我国近现代工业遗产保护体系的建立，侧重工业遗产保护、租界与口岸城市建筑、近代建筑遗产保护等研究，关注当代国外博物馆建筑改扩建手法及更新趋向，工业废弃地的景观更新、历史风貌街区的开发与保护。探讨了世界遗产保护发展趋势下我国建筑遗产保护策略；并基于中国当前建筑遗产保护中存在的问题，从健全体制保障、适应区域条件、提升工程完成度、改善建筑性能、提升人文环境、鼓励公众参与、利用信息平台、发展应急防灾几个方面研究我国遗产保护策略问题②，结合天津利顺德大饭店修缮改造工程等实践进行了更加深入的探索③，在建筑遗产保护中创新性地引入了"形态重构"的概念与方法，倡导现代材料、技术和构造的手段④。

天津近代建筑形态、中日建筑遗产的保护与比较研究。青木信夫、徐苏斌团队通过比较中日建筑遗产的保护，对天津原日租界区街廓形态与存量规划时代的工业遗产保护进行研究⑤，并对天津滨海新区工业遗产群保护与再生、文化经济学视野下的建筑遗产价值进行多维度研究。

---

① 连晓芳：《建筑文化遗产传承信息技术文化部重点实验室"别有洞天"》，载于《中国文化报》2017 年第 7 期。

② 郑越、张颀：《世界遗产保护发展趋势下我国建筑遗产保护策略初探》，载于《建筑学报》2015 年第 5 期。

③ 张颀、郑越、吴放、张键：《古韵新生——天津利顺德大饭店保护性修缮》，载于《新建筑》2014 年第 3 期。

④ 张颀、陈静、梁雪：《浅析旧建筑外部形态重构》，载于《新建筑》2006 年第 1 期。

⑤ 青木信夫、徐苏斌：《建筑理论　历史文库：清末天津劝业会场与近代城市空间》第 1 辑，中国建筑工业出版社 2010 年版。

（三）古城保护、历史建筑工程学探求

中国历史文化名城、村镇保护研究。阮仪三教授享有"古城卫士"的称誉，自20世纪80年代以来一直致力于遗产保护，主张对建筑遗产保护坚持"原真性"原则与理性回归，为平遥、周庄、丽江等古城镇保护做出重要贡献，曾获联合国教科文组织遗产保护委员会颁发的2003年亚太地区文化遗产保护杰出成就奖。著有《护城纪实》《江南古镇》《历史文化名城保护理论与规划》等书。其中《中国历史文化名城保护与规划》在保护内容、方法、制度等层面对历史文化名城保护进行了讨论，并通过具体的规划实例加以阐释解析。[①]

历史建筑保护工程学研究。2000年以来，常青院士先后主持多项国家重大课题。所著《历史建筑保护工程学——同济城乡建筑遗产学科领域研究与教育探索》，作为国内第一部以城乡建筑遗产保存与再生领域的跨学科研究的大型综合性专业著作，基于国际前沿视野和中外比较的视角，系统阐述了历史建筑保护工程学作为新兴学科的理论、方法和技术手段。[②] 2003年领衔创办中国建筑院系中第一个历史建筑保护工程专业。编著《历史环境的再生之道——历史意识与设计探索》，通过理论与实践相结合的探讨保护途径，对历史建筑的分类认识、处置方式和再生策略与方法进行讨论，具体包括修复与完形、利废与活化、古韵与新风、地志与聚落等，体现了保护与再生的国际视野和地域特色。[③] 批判的历史意识和保护价值观并重，常青坚持以辩证的视角看待历史"真实性"问题，对历史建筑废墟复原和重建的必

---

① 阮仪三、王景慧、王林：《中国历史文化名城保护与规划》，同济大学出版社1995年版。
② 常青：《历史建筑保护工程学——同济城乡建筑遗产学科领域研究与教育探索》，同济大学出版社2014年版。
③ 常青：《历史环境的再生之道——历史意识与设计探索》，中国建筑工业出版社2009年版。

要性和可能性做了理论和实践上的分析与澄清。① 同时，将理论付诸实践，主持上海"外滩源项目前期研究"与概念设计、"外滩轮船招商总局大楼保护与再生工程""豫园方浜路保护性改造工程""东外滩工业文明遗产保护与再生概念规划研究"等工程。

（四）古迹遗址保护与更新

以"陕西省古迹遗址保护工程技术研究中心"为依托，刘克成教授及其团队在历史文化名城保护、大遗址保护和遗址博物馆设计等方面进行了一系列卓有成效的工作。

"遗址公园"的概念的提出。刘克成团队的文化遗产保护研究，是伴随着西安城的建设与保护实践开始的。刘克成于1995年国家文物局西安工作会议上首次提出"遗址公园"的概念，这一概念最早在汉阳陵改造中得以实现。刘克成强调对待遗产的原则性、连续性，同时认为"遗址保护应该与相关的地域、当地住民的生活以及城镇发展结合在一起"，主张"将城市作为一个整体的遗产来对待"，并以对话的态度介入城市和建筑设计，"与历史对话的方式，既不是拷贝也不是追随，二者是在尊重和保护的前提下，寻求一个共处方式"②。其所主编的《Docomomo现代建筑遗产保护历程与经验：1988～2012》收录了30位在现代建筑遗产保护领域极具国际影响力的作者所撰写的36篇力作，包括Docomomo的历史、Docomomo的实践、现代建筑与文化遗产、城市与现代建筑运动、不同语境下的现代建筑运动五个主题，为中国建筑遗产保护提供了观念与经验参考。③ 团队以实际

---

① 常青：《对建筑遗产基本问题的认知》，载于《建筑遗产》2009年第1期。
② 裴钊、戴春、刘克成：《历史中心与地理边缘的叠加刘克成教授访谈》，载于《时代建筑》2013年第1期。
③ 刘克成、［葡］托斯托艾斯主编：《Docomomo现代建筑遗产保护历程与经验：1988～2012》，中国建筑工业出版社2014年版。

项目为载体践行着遗产保护研究，先后主持完成了秦始皇陵保护及遗址公园规划、汉阳陵保护及遗址公园规划等一系列在国内外有重大影响的规划项目（见第四章图）。

第四章

中国建筑师的地域性探索

一、新中国建筑师的代际传承

古代中国没有完整意义的建筑师，房屋的修建主要依靠工匠，因此建筑师是一个舶来词。建筑界通常将清末变法至新中国成立之间活跃在建筑事业上的人统称为第一代建筑师，其共同点是普遍受过系统的国外建筑教育。① 第一代中国建筑师都是留学生，他们带回了西方古典建筑的法则、现代建筑的思想、新材料和新技术观念。第一代建筑师创办了属于中国的建筑学教育，成立了属于中国的职业建筑师组织。在全面爆发抗日战争之前，庄俊（上海金城银行设计者）、吕彦直（中山陵设计者）、刘敦桢（中国古代建筑史奠基人）、梁思成林徽因夫妇（中国古代建筑奠基人，东北大学、清华大学建筑学创办者）、童寯（中国古典园林学术奠基人）、杨廷宝（北京和平宾馆设计者）等建筑师，通过大量的实践弘扬了中国传统建筑文化，并立足时代展现当时的国际式风格，他们对中国古代建筑的深刻发掘与弘扬以及中国高等建筑教育事业做出了巨大贡献，可以说，第一代建筑师的作

---

① 杨永生：《中国四代建筑师》，中国建筑工业出版社 2002 年版。

品与设计水准与当时的国际水平相差无几。

第二代建筑师大致出生于 20 世纪初至 20 年代，于新中国成立后开始真正登上建筑舞台，并在新中国建设初期发挥重要作用，其中部分建筑师一直潜心创作直至中国改革开放后及现代化建设初期。相比其他几代建筑师，第二代建筑师的发挥空间和发挥时间不多。成长于战乱年代的他们留学经历较少，多数人受教于第一代建筑师，青年时期能够得到的工程锻炼有限，工作环境也受到多方面的限制。值得庆幸的是他们自身非常刻苦，凭借长期的坚持和努力，继承并推进、丰满了前辈的成果。① 例如，刘致平（与梁思成合编《中国建筑设计参考图集》）、张镈（人民大会堂设计）、张开济（中国革命历史博物馆设计）、莫伯治（广州南越王墓博物馆设计）、徐尚志（成都双流机场设计）、吴良镛（《广义建筑学》理论创始人）、戴念慈（中国美术馆设计）、林乐义〔建筑设计资料集（一）〕等建筑师在困难中完成了国庆十周年的北京十大项目，完成了我国援外及驻外使馆建设项目，并深化了建筑相关理论与教育体系，培养了下一代建筑师。1981 年，我国首次开设四所建筑学博士授予单位（清华大学、同济大学、南京工学院、华南工学院），五位博士指导教师中三位是第一代建筑师（杨廷宝、童寯、龙庆忠），两位属于第二代建筑师（吴良镛、冯纪忠）。其中的吴良镛先生跨越时代，承前启后，成为建筑理论与实践的领军人物。

第三代建筑师大致出生于 20 世纪 30 ~ 40 年代，他们的童年大多在战火中颠沛流离，因此中小学基础较差，高等教育阶段的完成度也并不高。那个年代图书资料缺乏、交流机会少，虽然学习环境封闭，却给了他们充足的时间练就扎实的基本功，从"大跃进"到"文革"，对于大多数建筑师的职业生涯来说既是空白也是沉淀，即使在困难时期他们也没有放弃学习与研究，没有忘

---

① 杨永生：《中国四代建筑师》，中国建筑工业出版社 2002 年版。

记教书育人。① 厚积而薄发，改革开放后的前20年（至20世纪末）是第三代建筑师的黄金时代，此间大量的优秀作品与理论成果问世。例如，齐康（侵华日军南京大屠杀遇难同胞纪念馆设计者）、钟训正（无锡太湖饭店新楼设计者）、关肇邺（北京大学图书馆新馆设计者）、魏敦山（上海体育场设计者）、傅熹年（古建、古画、古籍专家）、张锦秋（陕西历史博物馆设计者）、何镜堂（上海世博会中国馆设计者）、王小东（新疆博物馆新馆设计者）、黄汉民（福建省画院设计者）等建筑师，在地域性与时代性的探索中硕果累累。在理论界，陈志华、罗小未、邹德侬、高介华、曾昭奋、顾孟朝等前辈在建筑文化、建筑创作与理论研究方面砥砺前行，贡献卓越。

第四代建筑师多生在新中国，大致出生于20世纪50～60年代。他们大学毕业于改革开放后，无论是出国求学还是受国内教育，总体人数都大大超过前三代之和，而且学历普遍较高。恰逢改革开放后的建设大潮，此时的建筑师有大量的实践机会，也正因如此，这一代建筑师在一定程度上有重实践、轻理论的思想，特别是设计院所的建筑师，更多热衷于建筑创作。相对而言，只有少量学者如高校教师专注于理论研究，或坚持理论与实践的双向互动，快节奏的市场大潮中，整体上系统性的理论研究成型较晚，或创新不足。② 但无论如何，第四代建筑师是被前辈寄予厚望也不负众望的一代人，崔愷（拉萨火车站设计）、孟建民（合肥渡江战役纪念馆设计）、王澍（中国首位获得普利兹克建筑奖建筑师）、周恺（天津大学冯骥才文学艺术中心设计）、刘家琨（鹿野苑石刻艺术博物馆设计）、李兴刚（2008年北京奥运会主场馆"鸟巢"中方总设计师）、徐行川（拉萨贡嘎机场候机楼设计）、陶郅（珠海机场设计）等，他们的优秀作品为中国建筑树立了崭新的形象。在理论界，王建国（中国特色城市设计理论先锋）、吴庆洲、

①② 杨永生：《中国四代建筑师》，中国建筑工业出版社2002年版。

曾坚、孔宇航、李晓峰等学者分别在城市设计、建筑设计方法、建筑美学、建筑文化、建筑评论等方面进行了长期的探求并卓有成效。可以说，中国建筑事业在第四代建筑师脚踏实地的研究与实践中实现了标志性的飞跃。

　　第五代建筑师是指在改革开放的春风沐浴下成长起来的"70后""80后"，他们正是现在中国建筑行业中的新生代。相比于前辈，他们多了些个性、自由与洒脱。李虎（曾任美国斯蒂文·霍尔建筑事务所合伙人、北京四中新校区设计者）、马岩松（中标多伦多超高层"梦露大厦"并建成、哈尔滨大剧院设计者）、徐甜甜（国际青年建筑师奖）、张珂（意大利国际石质建筑大奖）、郝琳（英国皇家建筑协会国际建筑奖）等一批中青年建筑师多在青年时便成立中小型工作室和事务所，不仅参与国内展览和项目竞标，在国际建筑行业中也积极展露拳脚，广泛参加全球建筑展并在国际大赛竞标中拔得头筹。第五代建筑师作品个性鲜明，但相比前几代建筑师，他们的理论有待于进一步体系化，部分设计师对大型综合项目的实践还有待加强和锻炼。新一代建筑师是我国建筑走向世界的关键，相信不久的将来，他们之中会有人脱颖而出，成为世界一流的建筑师并创造出世界一流作品。

二、新时期建筑创作的多元倾向

　　1979 年以来的改革开放，把中国建筑创作推向前所未有的高潮。随着东西方文化的交流和国内创作环境的不断改善，新时期建筑创作从原来单一的模式逐步走向多元与繁荣，并且表现出一定的风格特征和流派倾向。①② 这里所说的多元，有两层含义：

---

① 李世芬：《创作呼唤流派》，载于《建筑学报》1996 年第 11 期。
② 顾孟潮、王明贤、李雄飞：《当代建筑文化与美学》，天津科技出版社 1998年版。

一是指流派的多元纷列；二是指一些流派代表人物创作手法的多样性与丰富性。①

　　尽管这些流派与手法尚未成熟和定型，有些甚至仅处于萌芽状态，但却为中国建筑创作带来了前所未有的丰富多彩的新局面，同时也展示着中国建筑的希望或遗憾。

（一）异彩纷呈：走向多元态势

　　1996 年，李世芬在《创作呼唤流派》一文中，分析了新时期建筑创作的倾向，包括新功能主义、"地域主义"、追求个性与象征、"有机建筑"（重视环境）倾向、新古典主义和后现代主义等。时至今日，历经 40 年积累、成长，这些创作倾向已经日趋成熟，内涵更加丰富，特色也更加鲜明，正在以各自独特的风格显露出勃勃生机、大有呼之欲出、形成流派的趋势。②

　　1. 新功能主义倾向

　　新功能主义倾向坚持现代建筑的理性原则，摒弃其极端性，以现代功能为出发点，注重新材料、新技术和当代美学的应用，同时加强了对环境的重视，结合国情与时代对现代建筑进行了补充和发展，有时也反映出地域文化和高技派的某种影响。例如，国家奥林匹克体育中心、中国国际展览中心、北京四中教学楼、深圳华夏艺术中心以及萧山绣衣坊商业街建筑群等均属于这类倾向。新功能主义倾向使建筑设计摆脱了固有的羁绊，既借鉴国际先进的建筑理念与模式，又形成了自己的个性，建筑风格清新洒脱，反映了时代风貌。③

　　2. "地域主义"倾向

　　"地域主义"倾向基于地方特定的文化、地理与气候条件，

---

　　① 顾孟潮等：《中国建筑评析与展望》，天津科技出版社 1989 年版；李世芬：《走向多元——试论我国新时期建筑创作倾向》，天津大学硕士学位论文，1996 年。
　　②③ 李世芬：《创作呼唤流派》，载于《建筑学报》1996 年第 11 期。

自觉地重新阐释现代主义，以特定的价值观创造性地解决功能与形式问题，既与整体（世界、国家）相融合，又对大一统有所突破，强调本土化的个性特征，并与其他创作倾向交叉、渗透，常常以自身固有的文化基础表现出独特风貌。2000 年以来，地域性建筑创作开始从形式模拟转向对空间、场所类型的发掘、转换与应用。

3. 追求个性与象征的倾向

追求个性与象征的倾向的作品其有鲜明的"个性"特征和象征意义，往往使人一见之后难以忘怀。建筑创作宛如一次个性化的"精彩表演"，偏重于艺术的建筑观，突出表现个性化的价值观以及建筑的特殊内涵。例如，甲午海战纪念馆着意表现"裂痕、残破"，唐山市摔跤柔道馆（张敕、潘家平设计，见图4-1）试图追求"一对相峙力"的运动特征和生命活力，天津体育馆则用"飞碟"形态表现时空中的运动。

4. "有机建筑"（重视环境）倾向

建筑师从整体环境出发，强调协调，并运用对比与协调的手法，使建筑与其生成环境（自然、人文环境）取得有机联系，建筑好像从环境中生长出来，成为环境的延续或反映①，如北京菊儿胡同（见图4-2）、武夷山庄、深圳南海酒店等。近年来，随着新有机建筑理念的引入，建筑师结合新的观念、时代技术、材料与审美，不仅注重形式与环境的协调，更注重建筑与环境在结构、机能层面的深度有机建构。

5. 新古典主义倾向

新古典主义倾向以传统为出发点，表现为主流传统的新续，强调民族形式，借用传统形式手法表现新的内容；或为传统内涵与气韵的表达，通过空间、场所建构、意境塑造等方法表达当代建筑，重塑、提升文化传统。经典型的作品如西安"三唐"工

---

① 李世芬：《创作呼唤流派》，载于《建筑学报》1996 年第 11 期。

程、国家图书馆（见图4-3）、北京炎黄艺术馆等。

6. "自在生成论"

布正伟先生提出的"自在生成论"，主张自在品格与自在表现，超脱既定风格与流派，创作中追求文化品格、气质与表情，视"大气"为自在之魂，在纯净与细节中追求"不同凡响之笔"①。朴拙与惬意是其艺术特征，其创作思想表现出理性与非理性的交融。例如，烟台机场航站楼（见图4-4）、中房北戴河培训中心、山西电力局南戴河培训中心等。

图4-1　唐山市摔跤馆

图4-2　北京菊儿胡同

图4-3　国家图书馆

图4-4　烟台机场航站楼

---

① 布正伟：《自在生成的本体论——建筑中的理性与情感（上）》，载于《新建筑》1996年第3期。

7. 后现代主义倾向

新时期中国建筑创作中的后现代主要表现为折衷、文脉、拼贴、大众化等倾向。例如，北京王府饭店、深圳南油文化广场（见图4-5）以及哈尔滨铁路旅客站扩建工程等工程，带有一定的后现代色彩。[①]

图4-5 深圳南油文化广场
图片来源：由汤桦建筑设计提供。

8. 商业庸俗化倾向

在市场经济冲击下，某些建筑师为了商业利益而无视建筑的本体，不惜牺牲建筑的功能、经济与艺术价值，随意迎合业主的一些低级趣味，在创作手法上表现为一系列"易操作"行为，如堆砌、猎奇、拔高、拷贝等；在物质形态上也表现为欧陆风、假古董等。

建筑运动是错综复杂的构成，看待以上流派倾向，我们应该意识到以下几点：

其一，现代建筑是当代建筑流派产生的基石，特定时代与国情决定了中国建筑创作势必以现代建筑为出发点，特别是在功能布局、空间构成以及材料技术方面，首先具备了现代建筑特征。

其二，无论是否刻意追求，我们的思维方式与世界观注定是奠定在东方哲学的基础上，几千年中国传统文化的积淀势必对建筑创作产生影响。因此，地域与传统文化势必贯穿于上述流派之中。

其三，一个建筑作品可能会表现出不止一种流派与手法倾向，一位建筑师在不同时间、不同作品中也可能表现出不同的风格倾向，不同流派之间也往往会相互交叉、融和。同一名词在不

---

① 李世芬：《创作呼唤流派》，载于《建筑学报》1996年第11期。

同国家、地区也许有不同的含义。正因如此，多数建筑师并不愿意被划定为某某流派。在此，也仅是就作品而非个人来说明具体创作倾向，并无意给大师们贴上某种"标签"，因而诚请谅解。

（二）中国特色：典型地域性倾向及其特点

在前述建筑创作倾向中，表现比较突出的是地域化倾向。基于特定的地方优势，地方学派得天独厚，蓬勃发展。① 按地域特征比较典型的有以下几个学派：

1. 厚重大气的京韵建筑（华北地区——京津冀）

以吴良镛、崔恺为代表的京派建筑，承历史积淀，厚重大气，京韵浓厚。主要作品如菊儿胡同（见图 4 - 2）、首都博物馆等。

2. 摩登细腻的"海派"风格

开放的环境中，上海建筑师与"海派"建筑不仅摩登、靓丽，而且精致、细腻，注重实效，也走在时代观念与技术的前沿。早期代表作品如上海博物馆新馆、龙柏饭店、华亭宾馆，近期作品如东方明珠电视塔（见图 4 - 6）、上海大厦、金茂大厦等，可谓东西方文化的美妙融合。

3. 凝重、文雅的东南建筑学派（华东地区）

以东南大学齐康、王建国等教授为代表的东南建筑学派，其作品有着浓厚的古典意味和学院风格，如周恩来纪念馆（见图 4 - 7）、武夷山庄、无锡太湖饭店等作品，或严谨、或自然、或灵秀，经典之中透着端庄、文雅、细腻。

4. 婉约的岭南建筑（华南地区）

以莫伯治、余峻南、何镜堂为首的岭南学派，作品如岭南画派纪念馆、白天鹅宾馆、广州西汉南越王墓博物馆、上海世博会中国馆（见图 4 - 8）等，体现着洋风与中式、古典与现代的结合。

---

① 曾昭奋：《创作与形式——当代中国建筑评论》，天津科技出版社 1989 年版。

5. 经典恢宏的西北风建筑（西北地区）

西北风建筑主要指西安地区，以张锦秋、刘克成为代表的西北风建筑学派。以古都文脉延续为主旨的西安建筑表现为两种语境：一是张锦秋院士对传统的谦逊承袭与谨慎革新，早期传统形式与现代审美、技术和材料的结合，近年来则侧重时空、场所的灵性创意；二是刘克成教授与传统的平等对话，大胆融入现代语汇，以及对传统语汇、场所的转译（见图 4 –9），等等。①

6. 异域风情的新疆建筑学派（"新派"）

新疆建筑学派主要以王小东、刘谞、孙国城为代表，扎根当地土壤，追求"斯人、斯地、斯建筑"（王小东），对此情、此景、此文化进行本土探求。典型作品如王小东的新疆迎宾馆、库车龟兹宾馆、新疆国际大巴扎（见图 4 –10）等。喀什老城区抗震改造和风貌保

图 4 –6　东方明珠电视塔

图 4 –7　周恩来纪念馆

图片来源：东南大学建筑学院。

图 4 –8　上海世博会中国馆

图片来源：何镜堂提供。

①　裴钊、戴春、刘克成：《历史中心与地理边缘的叠加刘克成教授访谈》，载于《时代建筑》2013 年第 1 期。

护的研究与实施，以及刘谞的东庄西域建筑馆（见图4－11）、美克大厦、吐鲁番宾馆新馆等建筑，以不同的语汇实现着民族形式的地域化。

7. 灵动的巴蜀建筑（西南地区）

具有丰富自然地貌和多元文化样态的巴蜀地区，传统价值文化多样，民居风格独特。改革开放以来，文化的多元开放和融合催生了刘家坤、汤桦等知名建筑师，他们既表达着传统的空间、场所类型如庭院、井文化，又引入了现代时空，典型作品如西村大院、水井坊博物馆①、四川美术学院虎溪校区逸夫图书馆（见图4－12）、云阳市民活动中心、昆明市工人文化宫等。

图4－9　大唐西市
博物馆

图片来源：刘克成提供。

图4－10　新疆国际
大巴扎

图片来源：王小东提供。

---

① 褚冬竹：《退让的力量——成都水井坊博物馆观察暨建筑师刘家琨访谈》，载于《建筑学报》2014年第3期。

图 4 – 11　东庄西域建筑馆

图片来源：刘谞先生提供。

图 4 – 12　四川美院逸夫图书馆

图片来源：汤桦先生提供。

1978 年以来，中国建筑师立足本土，在建筑功能与形态的大规模建构中锐意探索，可谓硕果累累。从理论到实践，其创新精神和踏实的探索堪称楷模，尽管还有一些问题，但这些建筑师及其作品为中国带来多姿多彩的城乡风貌。

三、优秀建筑作品示例（部分）

（排名不分先后）

1. 武夷山庄
Wuyi Hotel

2. 侵华日军南京大屠杀遇难同胞纪念馆
Memorial to Victims in Nanjing Massacre by Japanese Invaders

3. 海螺塔
Conch Tower

4. 陕西历史博物馆
Shaanxi History Museun

5. 黄帝陵祭祀大殿
Sacrificial Hall of Huangdi Mausoleum

6. 延安革命纪念馆
Yan'an Revolutionary Memorial Museum

7. 广州西汉南越王墓博物馆
Guangzhou Nanyue Mausoleum Museum

8. 侵华日军南京大屠杀遇难同胞纪念馆扩建
Memorial to Victims in Nanjing Massacre by Japanese Invaders

9. 上海世博会中国馆
China Pavilion, Shanghai, World Expo

10. 喀什老城区抗震改造和风貌保护的研究与实施
Aseismatic Reconstruction & Landscape Protection in Old City of Kashgar

11. 新疆国际大巴扎
Xinjiang International Grand Bazaar

12. 福州西湖"古堞斜阳"
Fuzhou West Lake "ancient battlements sun"

13. 龙岩博物馆

Longyan Museum

14. 南京牛首山景区游客中心

Nanjing First Mountain Scenic Area Visitor Center

15. 南京市东晋历史文化博物馆暨江宁博物馆

Nanjing Dongjin Historical Culture Museum and Jiangning Museum

16. 天津利顺德大饭店保护性修缮

Protective Restoration Project of Astor House Hotel

17. 河北博物馆

Hebei Museum

18. 河北省图书馆改扩建工程

Reconstruction and Extension Project of Hebei Library

19. 中国磁州窑博物馆

Museum of Chinese Magnetic Kiln

20. 天津大学冯骥才文学艺术研究院

Feng Jicai Literature & Arts Institute, Tianjin University

21. 格萨尔广场

Gelsall Square

22. 天津大学新校区图书馆

Library in New Campus of Tianjin University

23. 陕西富平国际陶艺村博物馆

Fuping Shaanxi International Ceramic Village Museum

24. 西安大唐西市博物馆

Xi'an Datang Xishi Museum

25. 何振梁与奥林匹克陈列馆

He Zhenliang and the Olympic Exhibition Hall

26. 四川美术学院虎溪校区逸夫图书馆

The Library of Sichuan Fine Art Institute Huxi Shaw

27. 东庄—西域建筑馆

Dongzhuang Western Architecture Museum

28. 吐鲁番宾馆新馆

New Hotel of Turpan

29. 内蒙古工大建筑设计楼

Architectural Design Building of Inner Mongolia Technical University

30. 董仲舒文博苑

Dong Zhongshu Museum

31. 西安大明宫国家遗址公园

Daming Palace National Monument Park, Xi'an

32. 国电新能源技术研究院

Guodian New Energy Technology Research Institute

图 4 – 13 （a）　武夷山庄

1. 武夷山庄

Wuyi Hotel

主 设 计：齐康
合 作 者：杨廷宝、莱聚奎、杨子伸、陈宗钦、杨德安、蔡冠丽
合作单位：福建省建筑设计研究院
建造时间：1982～1983 年
建造地点：福建南平
建筑面积：2 580 平方米
获奖情况：1984 年国家设计一等奖；建设部优秀工程一等奖；福建省优秀工程一等奖
图文来源：齐康院士提供

　　这是一组著名的旅馆建筑群，坐落在大王峰一麓面对崇阳溪的斜坡地上。设计采用错落有致的形体，沿着斜坡南向平行布置，使之具有最好的风景面，从而把最多的自然风景引入群组空间。整个设计以"宜低不宜高，宜散不宜聚，宜土不宜洋"为原则，采取整体规划、分期实施、逐步调整的步骤。

　　建筑群的组合有重要的意义，布局时尽可能地留出发展余地。配套的设备用房、办公部分在草坪前的半地下，得体而不损害坡地地形。入口在公路边，沿斜坡进入。

图 4 - 13（b）　武夷山庄

建筑设计植根于地方风情文化，对地方的新风格进行了探索：斜坡顶、出挑垂蓬柱的檐口和八角形廊边小窗。

整个建筑融汇于风景环境之中，高低起伏，顺应地势，叠瓦穿檐，自由错落，创造出既有浓郁乡土气息，又有明显时代特征的地方建筑新风格。

内庭组合院落，运用奇特的山石，富有野趣。门厅后的平台，利用山石筑成石凳石桌，草坪、树木将一座红色屋顶、白色墙面组成的群体融和为一体。室内外环境相得益彰，相辅成景。

建筑背靠大王峰，山峦气势压人，庄丽而雄伟，山峰拔地400 米，极其壮观。外墙的木构架装饰更丰富了形体的变化。随着二期工程的扩建，水池瀑布洒下，宴会厅的窗帘，浓缩的山涧、水溪，侧厅的室内布置独具风格，置身其中，宛若仙境。

图 4 - 13（c）　武夷山庄

图 4 – 14 （a） 侵华日军南京大屠杀遇难同胞纪念馆

2. 侵华日军南京大屠杀遇难同胞纪念馆

Memorial to Victims in Nanjing Massacre by Japanese Invaders

主 设 计：齐康
合 作 者：顾强国、郑嘉宁、张宏、寿刚、朱雷
合作单位：南京市建筑设计研究院
建造时间：1983 ~ 1985 年
建造地点：江苏南京
建筑面积：4 000 平方米
获奖情况：1988 年江苏省优秀设计二等奖；中国八十年代优秀建筑创作十大作品第
　　　　　二名
图文来源：齐康院士提供

　　1985 年为纪念抗日战争胜利 40 周年，南京市政府决定建设纪念馆，地点江东门为当年掩埋死难者的十三个场地之一。

　　齐康院士主持设计的纪念馆，建筑特色在于用环境来表达纪念，创造了独特的场所表现方式。紧邻入口的纪念墙镌刻着醒目的中英日三国文字"遇难者300000"。卵石广场象征死亡，与周边的青草构成一种生与死的对比。2米高50米长错落的围墙上，铭刻了当年的屠杀情景。卵石广场上的枯树，是对日军"烧光、抢光、杀光"的暗示，塑造了一种十分悲剧的场景。

图 4-14（b）　侵华日军南京大屠杀遇难同胞纪念馆

纪念馆对角处是尸骨陈列室，陈列了从地下挖出的死难者的尸骨，由地坪而下，表达了进入掩埋状态的概念。走出陈列室向上登上台阶就又回到了悲惨的场景。沿着环绕的参观路线，布置了13块纪念石，每一块代表一处在南京的掩埋地。当人们进入纪念展馆时，可以感受到一种进入墓室之感，一种墓冢的象征。

纪念馆第二期，设计者和管理者计划在尸骨馆对面砌筑一面"哭墙"，刻上死难者的名字，它既是一块纪念死者的墙，又是一座碑，中间的细缝给人一种"劈开"的概念，下部摆上一个简朴的花圈，无声的纪念和有声的哀悼交融在一起。并在入口的场地上树了一块纪念标志碑，刻写"1937.12—1938.1"，以此回顾历史，铭记"前事不忘，后事之师"。

图 4–15（a） 海螺塔

3. 海螺塔

Conch Tower

主 设 计：齐康
合 作 者：郑炘
合作单位：南京市建筑设计研究院
建造时间：1986～1987 年
建造地点：福建福州
建筑面积：200 平方米
获奖情况：1992 年"建筑师杯"全国中小型建筑优秀设计表扬奖；1999 年在第 20
届世界建筑师大会"当代中国建筑艺术创作成就奖"
图文来源：齐康院士提供

　　凶猛的海浪拍打着海堤，挑起了层层浪花，时而大风大浪，
冲破大堤，时而平静柔和，变幻莫测。远远的，一个海螺的形象
映入眼帘，那是一组瞭望海景并可以饮茶的塔和厅。塔高 17 米，
小海岛的高也是 17 米。海螺塔呈梭形，旋转而上，从顶部的挑
台出来可以看到远处的海船和民间的舢板，特有的、富有地方色
彩的船形，表现出一种动态的时间差距。

　　塔前原有一个小小的妈祖庙，为渔民出海求保佑祭祀的场

所，同时进行了保留修整，将地方特色与仿生的新建筑融为一体，形成特有的景点风光，令观者获得神奇的感受。

这种形态的构成，完全是一种"原型"的再现，是作者精神思维内在的反映，一种意念，一种幻想，一种梦境般的现实。

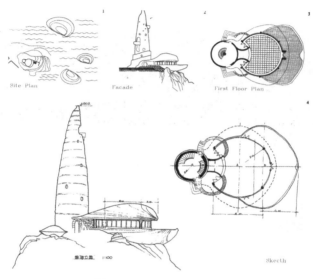

图 4 – 15 （b）　海螺塔

图 4 – 15 （c）　海螺塔

图 4－16 （a）　陕西历史博物馆

4. 陕西历史博物馆

Shaanxi History Museum

主 设 计：张锦秋
合 作 者：王天星、安志峰、王庆祥、徐文球、赵汉文、潘维民、曹硕、高朝君
合作单位：中国建筑西北设计研究院
建造时间：1983～1991 年
建造地点：陕西西安
建筑面积：55 600 平方米
图文来源：张锦秋院士提供

　　陕西历史博物馆位于西安市小寨东路翠华路口，是中国第七个五年计划的重点工程，也是改革开放后中国兴建的第一座现代化大型国家级博物馆。博物馆馆区占地 6.93 万平方米，文物收藏设计容量 30 万件。

　　博物馆是现代的，其现代化程度首先反映在突破当时仅支持收藏、展示的传统博物馆模式，由兼具研究、文物保护与修复、科普、会议、图书馆、餐饮、购物、休息等综合性功能构成。其次，馆内消防、安保、空调、照明、计算机系统、文物保护实验室等设施均达到设计同期的国际水准。建筑艺术上采用了"轴线对称、主从有序、中央殿堂、四隅崇楼"的章法，既突出盛唐博大、辉煌、蓬勃向上的风格，又有机地组织了功能布局；色彩上运用了黑、白、灰统调；庭院式的布局与外围开敞的绿地相结合，提供了多层次的游息空间；室外与室内设计均采用了现代与传统相结合的手法。

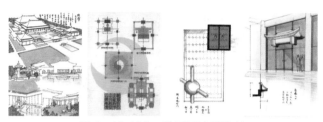

图 4 – 16（b）　陕西历史博物馆

整座博物馆建筑不仅具有浓厚的中国传统特色，又颇具时代气息，创造了一个庄严、质朴、宏伟，具有浓郁传统文化气氛的现代空间环境。博物馆被载入 1996 年版《弗莱彻建筑史》，并被列入新中国成立 60 周年百项经典工程以及"中国 20 世纪建筑遗产名录"。

图 4 – 16（c）　陕西历史博物馆

图 4 - 17 （a） 黄帝陵祭祀大殿

5. 黄帝陵祭祀大殿

Sacrificial Hall of Huangdi Mausoleum

主 设 计：张锦秋
合 作 者：高朝君、张小茹、陈初聚、吴琨、贾俊明、张军、殷元生、杜乐
合作单位：中国建筑西北设计研究院
建造时间：2002～2004 年
建造地点：陕西延安
建筑面积：13 350 平方米
图文来源：张锦秋院士提供

中华民族五千年文明的始祖——轩辕黄帝葬在陕西省黄陵县的桥山陵塚，轩辕庙建在桥山支脉的凤凰岭下的台地上。

为了弘扬中华文化并适应新时代瞻仰、祭祀的要求，1994 年陕西省政府、建设部、国家文物局联合审定批准了《整修黄帝陵规划设计大纲》（西安建筑科技大学与陕西省建筑设计院合作制定）。据此实施了一期工程，即山上陵园区的修整和庙前区的建设。

2002 年，中建西北设计研究院承担了二期工程中轩辕庙区的整修和新建祭祀大殿（院）的设计，并完善周边交通系统，优化庙区周边环境。经过整合，轩辕庙由三部分组成，即保留原有庙中建筑，并充分完善其格局的古柏院、中院、祭祀大院，共同构成了一组大型国家级祭祀建筑群。

　　整体设计手法可概括为"山水形胜、一脉相承、天圆地方、大象无形"。为创造出雄伟、庄严、古朴的氛围，突出炎黄子孙精神故乡的圣地感，新建的中院、大院沿古柏院的轴线向北延伸直抵凤凰山麓。宏观上重在处理好与大环境山川形胜的关系，格局上富有鲜明的民族文化特征，风格上既与传统建筑一脉相承又有鲜明的新时代气息。

　　中院位于古柏院与祭祀大院之间，是交通枢纽性的过渡空间，由此登上4米高的大形石阶进入祭祀大院。祭祀大院是举行祭祀大典的主要场所，占地10 000平方米。大院北端在总高6米的三层石台上坐落着40米见方的祭祀大殿，命名为轩辕殿。该殿是由36个圆形整根石柱围合而成的方形空间，柱间无墙，上覆巨型覆斗屋顶。顶中央有直径14米的圆形天窗，方形的地面由五种色彩石料铺成，象征"五色土"，轩辕殿形象地反映出"天圆地方"的理念。功能性设施均建于地下，简洁的祭祀大殿形象融入在山川环抱之中的气势，引发"大象无形"的体验。轩辕殿手法简练，其预应力钢筋混凝土无柱大跨屋顶增强了工程的现代感。大尺度的石材和自然肌理的运用，使轩辕殿更加古朴、沉稳、大气磅礴。大殿内北部正中坐落着刻有黄帝浮雕的巨型石碑，从屋顶射入的阳光，照耀着始祖雕像，更增强了纪念性与圣地感。

图4-17（b）　黄帝陵祭祀大殿

图 4 – 18 （a） 延安革命纪念馆

6. 延安革命纪念馆

Yan'an Revolutionary Memorial Museum

主 设 计：张锦秋
合 作 者：王军、张昱旻、徐嵘、张小茹、丁梅、李午亭、陈初聚、韦孙印、王洪臣、秦发强、殷元生、薛洁、杜乐、曹维娜、李毅、曾健
合作单位：中国建筑西北设计研究院
建造时间：2004～2009 年
建造地点：陕西延安
建筑面积：29 853 平方米
图文来源：张锦秋院士提供

　　延安革命纪念馆坐落在延安西北川中部的王家坪，主题是展现中国共产党在延安十三年间艰苦卓绝的革命历程。设计在科学安排功能布局、流线和各项设施的基础上着力于突出纪念性。

　　（1）利用山水格局烘托气势。设计充分发挥背靠赵家峁、面临延河的地形优势，尊重已有的彩虹桥所形成的南北轴线作为纪念馆轴线。

　　（2）广场、建筑、园区融为一体。沿轴线自南而北，由彩虹桥、馆区大门、广场旱喷池、毛主席塑像、纪念馆主入口、序厅、绿化园区景点、赵家岇松柏林构成了纪念性空间体系的脊梁。

（3）建筑体型设超常向量。在西北川乃至整个延安市区环境中，项目东、西、南三面已是高楼林立，仅三层楼的纪念馆，特设计为横向东西长222米的体量，其超常向量所呈现的张力和"⌐"形围合态势形成的控制力，共同烘托了建筑的纪念性。

（4）继承发扬延安建筑文脉。采用具有地方传统和革命精神象征意义的窑洞作为室内外建筑母题，提取"七大"会堂等建筑元素。

（5）纪念性雕塑突出主题。广场中心有高16米的毛主席像，纪念馆东西两侧窑洞式纪念墙前有18尊工、农、兵、学、商的雕像环毛主席像而立。

（6）序厅艺术空间的精神感召。序厅中设有"党中央和人民在一起"的大型群雕。其背景是延安全景，东侧为"黄河壶口瀑布飞流"，西侧为"黄帝陵古柏参天"。这三幅浮雕连成一体，气象非凡。厅顶玻璃天窗使全厅明朗，表现出延安革命年代朝气蓬勃的风貌。

图4-18（b）　延安革命纪念馆

图 4 – 19（a） 广州西汉南越王墓博物馆

7. 广州西汉南越王墓博物馆

Guangzhou Nanyue Mausoleum Museum

主 设 计：莫伯治、何镜堂
建造时间：1986～1993 年
建造地点：广东广州
建筑面积：9 668 平方米
图文来源：何镜堂院士提供

　　广州西汉南越王墓遗址，是建于公元前 120 年的第二代南越
王赵眜之墓，被列为国家重点文物保护单位，并由地方决定兴建
遗址博物馆。

　　西汉南越王墓博物馆首期陈列馆和古墓馆于 1989 年建成使
用，二期珍品馆于 1993 年建成。博物馆尊重历史、尊重环境、
立意新颖，是一座有深厚文化素养的优秀建筑；其内部功能合
理，造型既具有历史文化内涵，又体现现代建筑特征。

博物馆设计构思独特，以古墓为主题，运用现代的材料、技术和造型手法保护古墓的完整性。既运用现代手法，又结合地方特点，传译了两千多年前的历史文化内涵，寓传统于创新之中，得到国内外专家的一致好评。

图 4 - 19 （b）　博物馆轴测图

图 4 - 19 （c）　广州西汉南越王墓博物馆

图 4 - 20 (a)　侵华日军南京大屠杀遇难同胞纪念馆扩建

8. 侵华日军南京大屠杀遇难同胞纪念馆扩建
Memorial to Victims in Nanjing Massacre by Japanese Invaders

主 设 计: 何镜堂
设计单位: 华南理工大学建筑设计研究院
建造时间: 2007 年
建造地点: 江苏南京
建筑面积: 20 000 平方米
图文来源: 何镜堂院士提供

纪念馆扩建范围位于现有纪念馆东西两侧，主要包括新扩建纪念馆、万人坑遗址改造以及和平公园 3 部分。

图 4 – 20（b）　侵华日军南京大屠杀遇难同胞纪念馆扩建

设计突出遗址主题并尊重原有建筑塑造整体氛围，以墙、伤痕、死亡之庭、祭奠庭院、烛之路等为建筑元素表现特定的场所精神；总体构思以战争、杀戮、和平三个概念组合，由东到西顺序而成，与此相对应的是"断刀""死亡之庭"

**图 4 – 20（c）　侵华日军南京大屠杀
遇难同胞纪念馆扩建**

"铸剑为犁"三个空间意境的塑造，形成序曲—铺垫—高潮—尾声的完整空间序列。建筑空间从东侧的封闭、与世隔绝过渡到西侧的开敞，与城市、自然融为一体。

图4-21（a）　上海世博会中国馆

9. 上海世博会中国馆

China Pavilion，Shanghai，World Expo

主 设 计：何镜堂
合作单位：华南理工大学建筑设计研究院、北京清华安地建筑设计顾问公司、上海建
　　　　　筑设计研究院有限公司
建造时间：2007～2010年
建造地点：上海
建筑面积：72 480 平方米
图文来源：何镜堂院士提供

　　上海世博会中国馆凝聚了中华文明和建筑文化精髓，体现了
"东方之冠，鼎盛中华；天下粮仓，富庶百姓"的创作理念。
　　在总体布局上，国家馆居中升起、层叠出挑、庄严华美，形
成凝聚中国元素、象征中国精神的主体造型——"东方之冠"。
地区馆水平展开、汇聚人流，以基座平台的舒展形态衬托国家
馆，展现出属于城市、面向世界的中国大舞台形象。

在场地设计上，整合南北城市绿地，形成坐南朝北、中轴统领、大气恢宏的整体格局，体现了传统中国建筑与城市布局的智慧。

在技术设计上，层层出挑的主体造型，显示了现代工程技术

图 4 – 21（b）　上海世博会中国馆

的力度美与结构美；对生态节能技术的综合运用显示出我们对环境与能源等当今重大问题的关注与重视。

中国馆站在中国文化、东方哲学的立场上，对 21 世纪的城市与人居文明作出自己的诠释与展示。

图 4 – 21（c）　上海世博会中国馆

图 4 – 22 （a） 喀什老城区抗震改造和风貌保护的研究与实施

10. 喀什老城区抗震改造和风貌保护的研究与实施
Aseismatic Reconstruction & Landscape Protection in Old City of Kashgar

设计团队：王小东院士工作室
建造时间：2008 年
建造地点：新疆喀什
获奖情况：第二届建筑传媒大奖居住建筑特别奖
图文来源：王小东院士工作室提供

喀什是我国著名的历史文化名城，城市风貌和地域文化具有浓郁的地域特色，但因处于地震多发区，老城区房屋大多是土木、砖木结构，加之密度很大，地震的威胁引起从中央到地方的高度重视，但在实施改造过程中困难很大。2008 年，王小东院士及其团队在深入调查的基础上，提出了改造与保护的新思路，完成了《喀什老城区抗震改造和风貌保护》的课题。

图 4 - 22（b） 喀什老城区抗震改造和
风貌保护的研究与实施

设计团队首先
提出了生命安全第
一的策略，对大部
分不能抗震又无法
加固的民居，就地
拆除，在原基础上
复原重建。结构设
计达到抗震要求并
增加供水、供电、
供燃气的现代设施。

在设计过程中坚持征求居民意见，一对一地对每户进行设计，重
建时维持原来建筑的风貌，主体完成后，居民参与设计内部装
饰，为此在"阿霍小区"做了全过程的实验，这种思路和方法
得到了各个层面的共识，从 2008 年开始到目前大规模的改造已
基本完成。

图 4 - 22（c） 喀什老城区抗震改造和风貌保护的研究与实施

图 4 – 23（a） 新疆国际大巴扎

11. 新疆国际大巴扎
Xinjiang International Grand Bazaar

主 设 计：王小东
合 作 者：钟波、杨少芸、王宁、任学斌
建造时间：2012～2013 年
建造地点：新疆乌鲁木齐
建筑面积：90 000 平方米
获奖情况：2004 年新疆优秀设计一等奖；2004 年中国建筑学会建筑创作优秀奖；中
　　　　　国建筑学会"建国 60 周年建筑创作大奖"；中国勘察设计协会建国 60 年
　　　　　百项经典工程之一
图文来源：王小东院士工作室提供

　　新疆国际大巴扎位于乌鲁木齐民族风情一条街，独特的环境
要求建筑有浓郁的民族地域特色。项目于 2012 年设计，2013 年
建成投入使用。建筑面积约 90 000 平方米，由 5 栋商业楼、一条
四季商业街和广场组成，主要经营民族地域特色商品及工艺品、
特色餐饮与歌舞演出。项目建成后，解决了 4 000 多个就业岗

位，并以大巴扎为中心形成了著名的乌鲁木齐二道桥商业文化圈。如今，大巴扎成为乌鲁木齐乃至新疆旅游闪亮的景点，每年接待旅客百万人次以上。

大巴扎的设计首先满足了特殊的功能需求，建筑空间的创造吸取中亚、新疆传统建筑色彩、体量、光影、材质、肌理的特色，尽量少用符号，在统一中求变化，力求简洁。一座从拆迁返还的清真寺和一个高 70 余米的观景塔，作为建筑空间的构图中心，借鉴了喀拉汗王朝在布哈拉的卡梁塔和吐鲁番的额敏塔，在外墙上用了新疆特色的工艺砌砖，所以在具有地域民族特色的同时，现代感也很强。在施工图设计中，特别强调建筑细部的处理，使大巴扎建筑群显得很精致。

由于乌鲁木齐的特殊地位，以及世界几大文明的交汇，在设计中对该地区的多元文化也刻意地做了表达。

图 4 – 23（b）　新疆国际大巴扎

图 4 -24（a） 福州西湖"古堞斜阳"

12. 福州西湖"古堞斜阳"

Fuzhou West Lake "ancient battlements sun"

主 设 计：黄汉民
合 作 者：刘立德
建造时间：1985～1986 年
建造地点：福建福州
建筑面积：326 平方米
获奖情况：1988 年荣获福建省优秀建筑设计一等奖；1989 年荣获建设部优秀建筑设
　　　　　计三等奖
图文来源：黄汉民先生提供

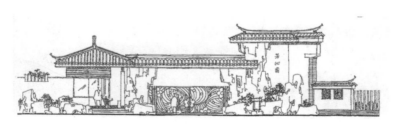

图 4 - 24（b）　福州西湖"古堞斜阳"

　　福州西湖"古堞斜阳"的景点设计，巧妙利用湖中原有的石墩基础，结合自然环境与人工环境，提取地方元素，延续传统"文脉"，创造了丰富的园林景观。

　　滨水造景工程丰富而灵动，有大有小、有动有静、有分有合、有闭有敞的水面空间，丰富了景观，增加了层次。园林建筑与原有树木结合，因树得景，既保了树又造了景。

　　设计同时运用环境艺术与行为科学的研究成果，创造了富有生气的园林空间，满足游人对公共性和私密性的不同心理要求。

图 4 - 24（c）　福州西湖"古堞斜阳"

图 4 – 25 （a） 龙岩博物馆

13. 龙岩博物馆

Longyan Museum

主 设 计：黄汉民
合 作 者：黄乐颖、黄晓冬
建造时间：2007 ~2010 年
建造地点：福建福州
建筑面积：38 970 平方米
图文来源：黄汉民先生提供

  龙岩博物馆位于客家地区的首府——福州，设计采用最有地域性特征的客家圆土楼意向，以此作为客家文化的延续。土楼对外封闭、对内开放的空间布局吻合博物馆的功能要求。

图 4 – 25（b）　龙岩博物馆

　　博物馆入口序厅和中庭开敞明亮，四周环形走廊联系着大小展厅。传统土楼的空间意向在新的使用功能中得以再生。圆形中庭地坪的拼花图案采用永定圆楼"振成楼"的平面原型，观众漫步中庭，如同置身土楼遗址之中。

　　博物馆的外观造型和内部空间成功营造了客家文化的氛围，使之成为客家精神传承的"圣殿"。

图 4 – 25（c）　龙岩博物馆

图 4 - 26 （a） 南京牛首山景区游客中心

14. 南京牛首山景区游客中心
Nanjing First Mountain Scenic Area Visitor Center

主 设 计：王建国
合 作 者：朱渊、姚昕悦、吴云鹏
建造时间：2015 年
建造地点：江苏南京
建筑面积：91 670 平方米
获奖情况：2016WA 中国建筑奖；WA 城市贡献奖佳作奖
图文来源：王建国院士提供

　　牛首山景区是南京市"十二五"期间的重大文化项目，以长期安奉释迦牟尼佛顶骨舍利为主体功能。该项目是牛首山东麓入口处的标志性建筑，既是景区接待量最大的游客中心，也作为公共广场为城市服务。项目用地面积 69 900 平方米。景区运行至今，接待游客达日均 3 000 人，高峰日 1.5 万人，东入口承担了其中的 90%。

游客中心设计重点在自然适应、文脉表达和功能合理性等方面。

（1）建筑形态之于自然地形特征和地域性表达的自明性。建筑设计根据场地地形标高的变化，采用了两组在平面上和体型上连续摺叠的建筑体量布局，高低错落、虚实相间。起伏的屋面和深灰色钛锌板的使用，是对山形的呼应和江南灵秀婉约建筑气质的演绎，也隐含了"牛首烟岚"的意境。

（2）建筑意向之于佛教文化主题的视觉相关性。设计在审美意象上考虑了佛祖舍利和牛首山佛教发展的年代属性，总体抽象撷取简约唐风，并在游客的路线设计上融入禅宗文化要素，风铃塔、景观水面、星云广场、八宝花坛等景观要素与建筑相互映衬，回应了社会各界和公众心目中所预期的集体记忆。

（3）建筑功能之于景区入口容量和城市公共广场的合理性。作为牛首山景区的主要入口，该服务中心承担着景区大部分的接待量——近期达90%，远期达50%~60%。建筑功能包括售票、电瓶车换乘、展览、小型放映、售卖、办公及停车库等。两组建筑围合出的公共空间从城市道路延伸至景区内部，不同层次的场所设计兼顾了参禅人流的礼仪性空间和市民休闲的亲和性空间，建筑、景观的一体化设计使整个场地具有整体秩序和可识别感。

图4-26（b）　南京牛首山
景区游客中心

图4-26（c）　南京牛首山
景区游客中心

图 4 – 27（a） 南京市东晋历史文化博物馆暨江宁博物馆

15. 南京市东晋历史文化博物馆暨江宁博物馆

Nanjing Dongjin Historical Culture Museum and Jiangning Museum

主 设 计：王建国
合 作 者：王湘君、徐宁、朱渊等
建造时间：2011 年
建造地点：江苏南京
建筑面积：7 480 平方米
获奖情况：江苏省第十六届优秀工程设计一等奖
图文来源：王建国院士提供

东晋历史文化博物馆暨江宁博物馆位于南京江宁中心区的竹山东麓，北临外港河，东接竹山路，南与居住区相邻，用地呈不规则状。

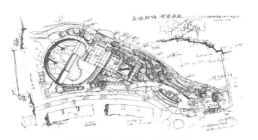

图 4 – 27 （b）　博物馆总图

设计构思主要基于对当代博物馆学发展概念和趋势的理解、对建筑之于特定环境文脉和场地地形的解读、对现代博物馆建筑空间组织原则的运用三个方面。

建筑形态设计受特定场地环境的启发而采用对话环境的策略。将博物馆主体建筑向西南部后移，采用地下为主的集中式建筑布局，以缩减场地地坪标高上的建筑体量；建筑体型采用最易于统筹和协调复杂场地关系的圆形形态组合，较好回应了竹山及河道的自然形态。在方圆、虚实、水平与垂直向的对比之间营造环境与主体建筑的拓扑张力关系，寓意"天圆地方"，并呼应古江宁"湖熟文化"聚落台形基址的特征。同时，建筑处于周围众多建筑的高视点可及的视野范围中，因此特别考虑了建筑第五立面相对于竹山和外港河自然要素的尺度适宜性和景观效果。

图 4 – 27 （c）　南京市东晋历史文化博物馆暨江宁博物馆

图 4 – 28 （a） 利顺德大饭店扩建建筑沿海河立面

16. 天津利顺德大饭店保护性修缮
Protective Restoration Project of Astor House Hotel

主 设 计：张颀
合 作 者：吴放、张建、刘寅辉、郑越
建造时间：2007～2010 年
建造地点：天津
建筑面积：23 400 平方米
图文来源：张颀先生提供

　　利顺德大饭店位于天津市和平区解放北路和泰安道的交界处，原英租界内。饭店分为原址建筑、扩建建筑、中庭及利顺德大厦四个部分，其原址建筑是中国最早确立的国家重点文物保护单位。

利顺德大饭店是天津仅存的几个早期殖民建筑之一，其原址建筑几乎和天津英租界同岁，见证了天津乃至近代中国历史的发展。

设计者经过详细的资料查阅和多方论证，最终确定本次保护性修缮工程的目标是将原址建筑外观复原至最具历史价值时期（1886～1924 年）的状态。希望通过对建筑形象的复原，延续利顺德大饭店的历史记忆和街区文脉，并恢复"利顺德"的国际品牌影响力，从而提升经营的情感效益。同时，通过适宜的技术手段对原址建筑进行结构加固以提升安全性能，并对建筑的设备设施进行更新。

图 4-28（b） 改造前（左）
后（右）对比

保护修缮工程对保存较好、有较高历史价值的室内装饰进行了有效的保护，同时对一些具有较高历史价值的房间予以保留，如胡佛套房、孙中山套房和班禅套房等。此外，在饭店底层的一系列公共空间，如海维林红酒吧、沿街的各个餐厅内部，剔除掩盖和破坏历史信息的后期装修，再现具有历史特色的清水砖墙及拱形洞口，以展现饭店深厚的历史底蕴。

大饭店深厚的历史文化底蕴与英租界历史有着深刻的渊源，此次修缮把地下室的一部分设为博物馆并对公众开放。利顺德博物馆从英租界的历史入手，向人们展示饭店随着租界兴衰发展的历程。大量有历史价值的文物配合着恰当的室内场景展出，使观者能通过酒店的百年风云了解街区的历史。博物馆的开设使社区的场所精神和城市的文化氛围同时得到提升。

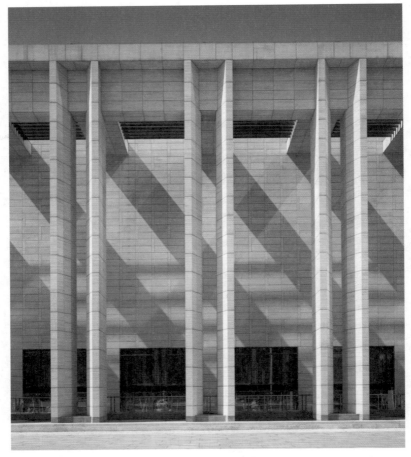

图 4 – 29 （a） 河北博物馆

17. 河北博物馆
Hebei Museum

设 计 者: 关肇邺、刘玉龙、郭卫兵
合作单位: 清华大学建筑设计研究院、河北建筑设计研究院有限责任公司
建造时间: 2006 ~2011 年
建造地点: 河北石家庄
建筑面积: 33 100 平方米
图文来源: 郭卫兵先生提供

河北博物馆新馆位于现有旧馆的南侧，新、旧馆之间以中庭和下沉庭院相联系，建筑体量与旧馆相协调。博物馆以典雅大气的建筑形象，表现了对既有建筑的尊重，同时也体现了河北地域建筑文化特征。

扩建后的河北博物馆，与周围的河北省图书馆、科技大厦形成一组重要的文化建筑群体。

图 4 – 29 （b）　河北博物馆

图 4 – 29 （c）　河北博物馆

图 4 – 29 （d）　河北博物馆

图 4 – 30（a） 河北省图书馆改扩建工程

18. 河北省图书馆改扩建工程

Reconstruction and Extension Project of Hebei Library

主 设 计：张顽、郭卫兵、刘健
合作单位：天津大学建筑学院 A + A 创研工作室、河北建筑设计研究院有限责任公司
建造时间：2006 ~2011 年
建造地点：河北石家庄
建筑面积：42 980 平方米
图文来源：郭卫兵先生提供

河北省图书馆位于石家庄市文化中心区域。从整体出发，改

扩建后的河北省图书馆，与周围的河北博物馆、科技大厦形成一组重要的文化建筑群。

作为在原图书馆基础上进行的改扩建工程，图书馆设计对近期现代建筑改扩建的理论和实践都进行了有益的探索。

改扩建工程不仅完善了功能，也创造了崭新的室内外空间形态，从形象到功能，新旧之间和谐同构、有机共生。

图4-30（b） 河北省图书馆改扩建工程

图4-30（c） 河北省图书馆改扩建工程

图 4-31 (a)　中国磁州窑博物馆

19. 中国磁州窑博物馆
Museum of Chinese Magnetic Kiln

主 设 计：郭卫兵
合 作 者：李拱辰
设计单位：河北建筑设计研究院有限责任公司
建造时间：2004~2006 年
建造地点：河北邯郸
建筑面积：5 062 平方米
图文来源：郭卫兵先生提供

磁州窑是中国古代北方著名民窑之一，其产品以简约质朴的造型艺术和粗犷奔放的装饰风格，在中国古代陶瓷发展史上产生了重大影响。

　　博物馆建筑形象从磁州窑文化中提取元素，并转换为建筑语言给予表达，精美细腻的细部设计体现了磁州窑艺术的装饰化特征。同时，设计以较大的面宽、大台阶引入二层平台主入口、多变的组合体量、不同形式的院落等手法划分和组织空间。

图4-31（b）　博物馆细部

图4-31（c）　博物馆一层平面　　　图4-31（d）　博物馆二层平面

图4-31（e）　中国磁州窑博物馆立面

图 4 – 32 （a） 天津大学冯骥才文学艺术研究院

20. 天津大学冯骥才文学艺术研究院

Feng Jicai Literature & Arts Institute，Tianjin University

主 设 计：周恺
设计单位：天津华汇工程建筑设计有限公司
建造时间：2001～2005 年
建造地点：天津
建筑面积：6 370 平方米
图文来源：周恺先生提供

  天津大学冯骥才文学艺术研究院选址于天津大学主教学区。
基地形状方正，东侧紧邻校园主干道，南侧为教学实验楼，北侧
为马鞍形体育馆，西侧与校园内最大的青年湖相邻。

  冯骥才文学艺术研究院作为天津大学引入的特色学院，具有

自身独特的学院性格，有着浓郁的历史、人文色彩和独特的教学方式。设计除布置必要的教学功能外，还设置大量展陈研讨空间，更接近一个带有教学功能的独特展示建筑。

设计之初，冯骥才就提出研究院要具有东方意境，以期与学院创新研究方向相对应，所以，如何运用当代语汇营造特定的场所意境便成为设计的焦点。

方案从基地出发，以方形院落围合场地，将功能体块嵌入其中，并与景观环境一体化组织，共同形成统一完整的空间形体。与建筑等高的院墙下部围实，上部透空，既遮蔽了外部的干扰也形成了院落的空间限定。院中斜向架空的建筑体量将方形院落分成南北两个楔形院落，建筑首层的架空处理不仅保持院落之间视线上的贯通，也丰富了空间层次。一池贯穿南北院落之间的浅水、院落中保留的几棵大树、爬满绿植院墙、青砖铺就的庭院，共同营造了一个静逸的现代书院意境。

建筑主要空间沿东西走向的斜轴展开，斜轴从院内指向西北侧的青年湖，进入门厅后，沿着大台阶行至半层高的休息平台处，远处的青年湖尽收眼底。转身继续沿着台阶前行，整个建筑中最核心的公共展示大厅逐渐呈现在人们的眼前。转折向上的行走体验，层层递进的空间序列，形成了一种欲扬先抑、移步换景的独特空间体验。

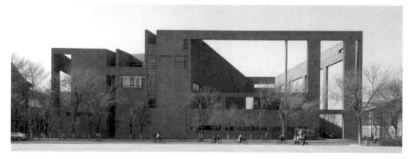

图 4 - 32（b）　天津大学冯骥才文学艺术研究院

图 4 – 33 （a） 格萨尔广场

21. 格萨尔广场

Gelsall Square

主 设 计：周恺
设计单位：天津华汇工程建筑设计有限公司
建造时间：2010～2013 年
建造地点：青海玉树
建筑面积：8 000 平方米
广场面积：70 000 平方米
图文来源：周恺先生提供

中国建筑学会在"4·14"玉树地震重建的繁多工作中,组织邀请了中国优秀的建筑师团队针对玉树州的十个工程进行重点设计,由此,周恺团队接到格萨尔广场的设计任务。

格萨尔广场在地震前就已经存在,以格萨尔王雕像为中心,平面为喇嘛塔图案。广场除去日常的教徒转经、纪念活动及居民商品交易外,也会举办一些大型的集会及宗教活动,是当地最重要的精神与文化中心。

设计保留广场中间最醒目的格萨尔王的雕像,雕像的角度、位置与原址不变,仅作抬高处理。雕像下的基座稍加八字角处理,墙面微微倾斜都体现当地的建构逻辑。基座下是格萨尔王文化展示馆,四周的台阶为圆形放射布置。广场上铺地图案是以格萨尔王雕像为圆心的放射同心圆,用同样超常尺度的斜墙限定广场的空间与功能界面。东侧、西侧均向河流开放,远方神山、神庙一览无余。

广场南侧为一组建筑群,包括玉树州城市规划展览馆、档案馆、小商业和其他功能建筑等,整体长210米。州城市规划展览馆为主体建筑,参观人流在瞻仰格萨尔雕像的"仪式"中缓缓进入展览馆。建筑南侧部分墙面开藏区特有的梯形窗,窗洞深邃;由于建筑内部是展厅,不要求自然采光,其他大部分外墙做了实墙处理,通风和采光的问题则借鉴藏式建筑中"哑巴院"的方式解决,同时也创造了内向、含蓄的建筑意境。

设计充分考虑与自然环境协调和地域性的表达,并注重精神场所的塑造和地方建构方法的传承。

图4-33（b） 格萨尔广场

图 4 – 34 （a） 天津大学新校区图书馆

22. 天津大学新校区图书馆

Library in New Campus of Tianjin University

主 设 计：周恺
合 作 者：张莉兰、章宁
设计单位：天津华汇工程建筑设计有限公司
建造时间：2010～2015 年
建造地点：天津
建筑面积：5.43 万平方米
图文来源：周恺先生提供

天津大学的前身是北洋大学，始建于 1895 年，是中国第一所现代大学。随着学校的发展，位于南开区卫津路的校园逐渐饱和，2010 年 3 月启动了新校区建设。新校区被称为"北洋园"，选址于天津市的海河教育园内，华汇设计团队主要负责图书馆、信息网络中心、第一教学楼、第三食堂等项目。图书馆的设计手法体现出以下几个特点。

（1）建筑与自然环境结合。设计打破一般图书馆高大上的做法，刻意压低建筑高度，放大平面，在核心区布置庭院作为阅读广场。院子里种满了树，树下是可以阅览和交流的休闲空间，院内还引入了起伏的草坡和几块水池。图书馆东、西两侧中部的底层用异形曲面架空，形成通往内院的出入口，人们可以穿行其中，庭院不仅是图书馆的庭院，更像是校园的公园。穿过门洞进入公园，再进入图书馆，氛围经过环境的过渡变得静谧，人也沉静下来。图书馆的空间模式由此变得特殊，通过中心"庭院"弱化建筑体量，使其更加平易近人。

（2）布局与校区规划呼应，并延续了老校区的文脉。由于校园主入口与中轴线呈一定的夹角，在轴线的起点需要有转折，因而由崔愷设计的圆环形主楼及广场成为轴线转折点。图书馆采用方形院落空间，用"围合"的空间形态来强化轴线两端的节点。同时，参考老校园核心区的建筑与空间构成，在文脉上，利用轴线、院落、建筑形态、色彩建构等手法给予文脉延续，已成为天大文化的海棠树，延续着天大的故事。

（3）功能向新型图书馆转换。作为信息时代的图书馆，其功能更为复合。"北洋园"作为天津大学未来的主校区，图书馆应该成为学校信息资源的保障中心、专业知识的交流中心，这些使用方式的进步给图书馆的设计带来了极大的变化。其中，最大的变化在于弱化了闭架书库，采用藏阅一体的开架阅览方式。

图 4 – 34 （b）　天津大学新校区图书馆

图 4-35（a）　陕西富平国际陶艺村博物馆

23. 陕西富平国际陶艺村博物馆
Fuping Shaanxi International Ceramic Village Museum

设 计 者：刘克成
合 作 者：傅强、许东明、樊淳飞
建造时间：2004 年
建造地点：陕西渭南
建筑面积：1 600 平方米
建筑高度：地上最高点 16 米（地上 1 层）
图文来源：刘克成先生提供

　　陕西富平国际陶艺博物馆设计强调地域性和主题性，设计之初有两点基本设定。

　　其一，建筑必须属于这片土地。黄土高原天高地厚、沟壑纵横。博物馆地处乡野，基地周围有果林、农田和坟冢环绕，一年四季，景色各有不同。设计希望博物馆的"侵入"，不要打破土地原有的景观逻辑，避免城市建筑对乡村的殖民，但也不希望简单拷贝乡村传统建筑。因此建筑必须服从于土地的肌理，贴近土地，融合在基地的乡村景观之中。

其二，建筑本身就应当是一个现代陶艺作品。建筑师对陶艺最为迷恋的是陶艺器皿的孔洞。孔洞沿线形方向伸展，曲曲仄仄，光线从一个不知道的地方反射进来，给人一种遐想、一种奇妙，洞外可以看到不同的风景。试想一只田鼠或蚂蚁穿越孔洞，在田间忙碌的乐趣。

博物馆与农村砖窑的不同之处在于，农村砖窑起拱的直径是不变的，而建筑师设计的是一个变径长拱。主馆是一次现代试验，是以一种当地成熟、简单的技术为基础进行的，可以弥补所有施工的不足。变径砖拱所形成的强烈韵律，使材料的粗糙、工艺的简陋、施工的错误得以合法化，并丰富了建筑的整体艺术感染力，这是建筑师最为满意的地方。其建造材料均来自这片土地，所有技术为当地农民世代相传，建筑造价也比普通农舍高不了多少，远离高技术、高投入。

这个博物馆既可以在建筑外部找到仰视中国古塔般的庄重和丰富，又可以在建筑内部领略某种在西方哥特教堂才能感受的神秘和大气；建筑在融入农村田园景观的同时，又向中国传统陶艺表达了敬意，并与现代陶艺作品产生了对话。日常中有那样一种美，虽着家常衣衫，也不掩其魅力；建筑也有那样一种美，虽材料朴素、工艺简陋，也不妨碍其力量。西北的自然和人文环境本身就具有辽阔、粗犷、深厚和大气之美。如何给予表达？刘克成认为这也是西北建筑师应当探索的道路。放弃高技术、高投入的追逐，回归对传统技术和材料的探究。

图 4-35（b）　陶艺村博物馆

图 4 – 36（a） 西安大唐西市博物馆

24. 西安大唐西市博物馆

Xi'an Datang Xishi Museum

主 设 计：刘克成
合 作 者：肖莉、吴迪、樊淳飞、王力
建造时间：2006 ~ 2009 年
建造地点：陕西西安
建筑面积：34 000 平方米
图文来源：刘克成先生提供

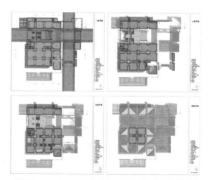

图4-36（c） 西安大唐西市博物馆

图4-36（b） 西安大唐西市博物馆

图4-36（d） 西安大唐西市博物馆

图4-36（e） 西安大唐西市博物馆

图 4 –37（a）　何振梁与奥林匹克陈列馆

25. 何振梁与奥林匹克陈列馆
He Zhenliang and the Olympic Exhibition Hall

主 设 计：王兴田
设计单位：上海兴田建筑工程设计事务所
竣工时间：2007 年
建筑面积：3 900 平方米
获奖情况：第七届中国威海国际建筑设计银奖
图文来源：王兴田先生提供

图 4 - 37（b） 何振梁与奥林
匹克陈列馆

图 4 - 37（c） 何振梁与奥林
匹克陈列馆

图 4 - 37（d） 何振梁与奥林匹克陈列馆

图4－38（a） 四川美术学院虎溪校区逸夫图书馆

26. 四川美术学院虎溪校区逸夫图书馆

The Library of Sichuan Fine Art Institute Huxi Shaw

主 设 计：汤桦
合 作 者：胡铮、韩海兵、孙伟、高卫国
建造时间：2009 年
建造地点：重庆
建筑面积：14 260 平方米
合作单位：重庆市设计院
获奖情况：WA 中国建筑奖 WAACA 2014 建筑成就奖；2013 年香港建筑师学会两岸
　　　　　四地建筑设计大奖　卓越奖；中国建筑设计奖（建筑创作）金奖
图文来源：汤桦先生提供

　　四川美术学院虎溪校区逸夫图书馆位于校园中心区，在教学组团和生活组团之间，计划安排 1 200 个阅览座位，容纳 100 万册图书。建造从地点开始，地点延续的历史及其将要承载的生活是设计的支点。

　　四川美术学院有着浓厚的乡土情结，对地域传统的独特关注影响了几代美术家的成长。新校区的布局采用尊重自然和现状的基本策略，建筑依形就势而建，道路蜿蜒于山水之间，余下的就是场地内原有的田地和鱼塘，各种各样现存的农业痕迹悉数保留，号称"十面埋伏"。图书馆的设计立足于这种乡土性，取材于四川重庆地方的类工业建筑文本，如砖窑、仓库等，以一种简洁的形式屹立于山地和田野之中，如同大地上的砖窑，也像乡村的教堂，与校园已形成的中小体量、分散布局的建筑物形成对比，凸显其象征意义。

图4-38（b）　总平面草图

图4-38（c）　体块草图

图4-38（d）　四川美术学院虎溪校区逸夫图书馆

图4-38（e）　四川美术学院虎溪校区逸夫图书馆

图 4 - 39（a） 东庄—西域建筑馆

27. 东庄—西域建筑馆
Dongzhuang Western Architecture Museum

主 设 计：刘谞
合 作 者：张海洋、刘尔东
设计单位：新疆玉点建筑设计研究院有限公司
建造时间：2016 年
建造地点：新疆乌鲁木齐
建筑面积：7 700 平方米
图文来源：刘谞先生提供

　　东庄—西域建筑馆位于距乌鲁木齐市 30 多公里南山的托里乡，之前是 60 多年前盖的荒芜粮店。为了保护草木不再损害，建筑在原有基地上搭建，坐北望城、朝南近山。远远望去像是山上滚下来的一块灰白石头，既不碍眼也不张狂，安妥而立于蓝天烈日、沙漠戈壁、亚欧腹地的旷瀚地域，全然没有城市建筑的炫丽与秩序、教化。山里下来的河沟两侧是哈萨克族牧民世代冬暖夏凉的"转场窝子"，建筑馆被动地亲贴着草地，牛羊时不时地"闯入"院内，转一圈纳会儿凉。老乡们走累了、孩子们放学了也会在此休憩、嬉闹一会儿，村里的人叫它"洋毡房"。

厚墙、小窗，抵抗着烈日辐射且冬季保暖；水泥、沙子、不得不用的钢筋和尽可能少用的玻璃，构成了整个空间，既是生态的保护也

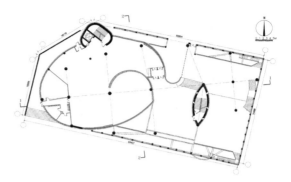

图 4 - 39（b）　一层平面图

是对资源的尊重。传统的空心墙、干打垒、土坯、石块，构筑了牢靠、简单、实用的建筑。

东庄是个"透明体"，内部含糊楼层概念，具有不确定的多种与多重适用的可能性，空间组织上下左右互通互联，并与自然环境相协调。顺风雪、挡风雪的形体流线以及采光、通风的有机利用，与外部空间"凹凸"镶嵌的契合，按需凿琢挖出来原有的和"创造"的空间供劳作者使用，一个"和"与"器"的理念成为环境的建筑。

图 4 - 39（c）　东庄—西域建筑馆

图 4 – 40 吐鲁番宾馆新馆

28. 吐鲁番宾馆新馆

New Hotel of Turpan

主 设 计：刘谞
设计时间：1991~1993 年
建造地点：新疆吐鲁番
建筑面积：3 000 平方米
获奖情况：中国建筑学会"建国 60 周年建筑创作大奖"；UIA 第二十届世界建筑师
　　　　　大会"当代中国建筑艺术创作成就奖"
图文来源：刘谞先生提供

　　建筑师在创作时，试图从以下三个方面把握吐鲁番新馆创作的构思。

（1）文化氛围的把握。在吐鲁番，佛教文化早于伊斯兰教文化。大约在公元 16 世纪初，成吉思汗七世孙吐虎鲁铁木尔统率部落信奉伊斯兰教，此时，西域大多皈依于伊斯兰教，并延续发展至今。高昌时期，吐鲁番区还流行过原始的宗教信仰，存在着自然崇拜。

基于此，建筑师确立宾馆的文化创意，首先必须尊重丝绸之路重镇和伊斯兰教文化内涵的事实，同时体现现代化的精神。

（2）地理、人文的协调。吐鲁番地理环境特殊，盆地低于海平面154米，终年降水稀少，气候干燥炎热，夏季温度常常高达40摄氏度，且早晚温差大，风沙肆虐，树木较少。

面对这样特殊的地区，建筑师不可能也不应该被什么"主义""流派"所左右，只能是"此时、此地、此建筑"。也就是说，"一切建筑都是地区建筑"。把握、协调好这一点，使大多数不同族别、不同宗教、不同文化及风俗习惯的公众，产生出认同中的差异，实现普遍概念中的抽象与升华。只有这样，新建筑才真正有了自己的本位，创作的手法要素才能在此基础上凝聚起来，形成完整的体系。

（3）建筑的地位在于创造性与再生。悠久的文化、美丽的自然风光和人的劳动创造和谐地融为一体，构成了传统建筑的地区风格。刘谞以为：民族与地区的现代化都以传统为前提，一切现代化都不过是某种文化传统在现实条件下的存在，是创新和发展了的传统，而文化传统则只有以现代为目标，向现代化转化，才能作为再生的传统而存在。

在外观处理上，除强调"空间的不完整性"的艺术之味外，同时，还与自然环境的山势、当地民居平屋顶相协调。立面上采取连续抽象的维吾尔族式拱窗，似乎也有千佛洞窟之联想，以一种似是而非介乎其间的处理手法，解决不同宗教与民族的不同审美情趣。

图 4 – 41 （a） 内蒙古工大建筑设计楼

29. 内蒙古工大建筑设计楼

Architectural Design Building of Inner Mongolia Technical
University

主 设 计：张鹏举
合 作 者：郭彦、张恒、孙艳春、韩超
设计单位：内蒙古工大建筑设计有限责任公司
建造时间：2010 ~2012 年
建造地点：内蒙古呼和浩特
建筑面积：5 976 平方米
图文来源：张鹏举先生提供

　　建筑位于校园一角，在遮光、退线等城市规则决定基本体量
的前提下，设计从形体空间到界面形式再到材质构造，步步推
演，营造出属于设计楼的空间品相：抽取角部体量留出边院并适
度下沉，形成从城市空间到室内空间的过渡，增加入口空间的领
域性；切分剩余体量，在其间留出中厅，引入阳光、组织通风，
形成室内的公共核心空间，增强空间的识别度和场所感；选择本
色的材料和真实的构造统一了空间的基调，整体传达出一种内

敛、平静、有归属感的场所性格。

（1）分离。人处于独立的环境中才能入静，进而品味场所性格。因此，从周边嘈杂的商业环境中分离是首要任务。通常有两个途径，一是区别，二是隔离。设计采用迥异于周边建筑的形体和表皮材质，并设入口边院使其成为浮躁和喧嚣的过滤器，自然完成了隔离。

（2）过渡。为了在入静的状态下感受内部空间的品相，增加用于转换的过渡空间也是有效的办法。本案用一座钢桥跨过内院：桥体使用悬吊的方式完成，桥面是透空的金属网板，同时，为过渡高差，桥体是倾斜的。由此，进入者通过时将获得一种特殊的心理和生理体验，感受一种进入过程中的仪式感，同时增加了心理长度。当然，吊桥的作用还在于解放其下的庭院空间。另外，建筑入口转换方向、压低高度也是出于同样的考虑。

（3）归属。内院的设置，不仅过渡了空间，更有意于强调归属；吊桥的设置，不仅增加了心理长度，更着眼于预示彼岸的另一个场景；室内中厅的设置，不仅为了风和光，也借此增加场所的中心感和识别度；而中厅中的桥，在完成了连接的同时也使经过者感受到一种自我的存在感……温暖的木地板、静谧的光影等，都能使进入者感受到不同于周边环境的内敛氛围。

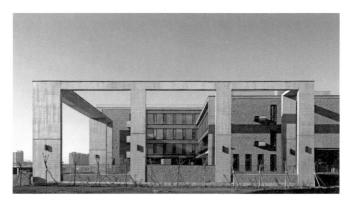

图 4 -41 （b）　内蒙古工大建筑设计楼

图 4 - 42（a） 董仲舒文博苑

30. 董仲舒文博苑

Dong Zhongshu Museum

主 设 计：李世芬、邓威、胡沈健、陈岩
设计单位：大连理工大学 李世芬教授工作室、邓威教授工作室
设计时间：2011～2016 年
建筑面积：13 800 平方米
图文来源：大连理工大学李世芬教授工作室、邓威教授工作室

　　董仲舒文博苑位于河北省衡水市景州城，坐落于景南核心区中心地带，地处五屯大街与西城墙路交叉口西北，场地东临政府行政中心，北接景州文体中心，西南方向为董子公园。项目功能为文化综合体，包括博物馆、规划展览馆、图书馆和档案馆。方案构思顺应场地肌理，综合考虑了功能与形象的结合，并兼顾传统和现代文化的融合。

　　（1）形象与主题表达。建筑地处中原文化的中心地区，自古人杰地灵，为汉代大儒董仲舒的故乡，有汉代和战国文化遗风。设计以董仲舒哲学思想为主题，通过传统文化意向、建筑语言的现代转译表达传统。建筑以简洁、概括、富有个性的形象强化了文化建筑的内涵，突出了文博苑的主题。

　　对称、方正的矩形形体，表达儒学的"择中观"；核心部位凹入形成主题提示和入口引导，镂空的董仲舒影像，虚中有实，表达"天人感应"的理念；四角以"汉鼎"的夸张与变形增加了建筑的灵动感。入口区域的弧形墙面，以"竹简"形式表达传统文化，提示着"书"的意向与场所。

（2）功能布局与流线组织。平面采用大厅式布局，核心大厅通透、开阔，四通八达。作为共享性休闲场所和交通转换空间，很好地解决了四个场馆的多功能复合。内部中轴线设有四层高的中央共享大厅，顶部设置玻璃天窗，引入自然光，营造明亮、宜人的共享环境。建筑整体为五层，地上四层，地下一层。其中一层及地下一层为博物馆；一层局部为规划展览馆，二～三层为图书馆，四层为档案馆。建筑共设置四个出入口：南向主入口主要为博物馆、规划馆服务，弧形主入口位于建筑中轴线上，与北向入口通过中庭相联系；东西向分设两个次入口，分别为董子书院（图书馆）和档案馆专用出入口。

（3）建构技术表达。建筑采用框架结构体系，多媒体材料同构。主体材料为钢筋混凝土，表皮材料为花岗岩、大理石和复合金属板，地面铺设为透水性材料。

（4）建筑与环境的一体化建构与精细化。方案不仅注重建筑形象的塑造，而且对场地环境、室内空间以及场所细节、景观小品（含雕塑）进行精心设计，以实现其一体化和内涵化表达。

图4－42（b）　董仲舒文博苑　图4－42（c）　董仲舒文博苑

图 4-43 （a） 西安大明宫国家遗址公园

31. 西安大明宫国家遗址公园
Daming Palace National Monument Park, Xi'an

主 设 计: 彭勃
合 作 者: 余定、胡彦、Jessica Paterson（澳籍）、Marta B. hlmark（瑞典籍）、
Anniina Hannele Korkeam. ki（芬兰籍）
建造时间: 2007~2012 年
建造地点: 陕西西安
建筑面积: 3.2 平方千米
图文来源: 彭勃先生提供

西安大明宫国家遗址公园是国际古遗址理事会确定的具有世界意义的重大遗址保护工程，与北京故宫遗址并称为中国两大世界级遗址保护工程，是丝绸之路整体世界文化遗产的重要组成部分。

唐大明宫是举世闻名的唐长安城"三大内"（太极宫、大明宫、兴庆宫）中最为辉煌壮丽的建筑群。大明宫国家遗址公园的另一个称谓是唐大明宫遗址保护展示示范园区，因而公园的规划也体现了强烈的示范性特点。

总体规划层面，充分尊重历史，最大限度地延续原有的功能和交通格局；

空间结构层面，建构了大轴线景观。中轴线南起丹凤门，经过御道、含元殿、宣政殿、紫宸殿、太液池蓬莱岛、玄武门至重玄门，贯穿大明宫南北，体现出宏伟的气势和辉煌的历史；

遗址保护层面，从宏观到微观，均体现遗址保护和展示的主旨。圈层防护绿地并划定专门的示范保护展示区；

文化表达层面，突出了唐代文化特色。既是一部活的历史教科书，又是一处观光游览的休闲胜地。

中轴线上最引人注目的是主题为"时间的宫殿"的宣政殿和紫宸殿艺术展示装置，由 IAPA 和广州美术学院冯峰合作完成。设计独出心裁，残旧的宫殿框架在变化的树木之间若隐若现，时间的烙印在不完整的宫殿轮廓和沧桑的老树枝干上得到了完美诠释。

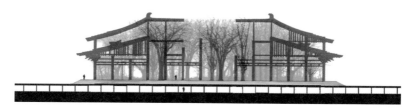

图 4 -43（b）　西安大明宫国家遗址公园立面图

图4-44（a） 国电新能源技术研究院

32. 国电新能源技术研究院

Guodian New Energy Technology Research Institute

主 设 计：叶依谦
合 作 者：刘卫纲、薛军、段伟、从振、霍建军
建造时间：2011~2013 年
建造地点：北京
建筑面积：243 100 平方米
图文来源：叶依谦先生提供

国电新能源技术研究院设计以群体组合、核心庭院、细部建

构取胜，并体现了绿色与可持续理念。

项目用地位于北京市昌平区小汤山镇东未来科技城内，园区总用地 141 910 平方米。国电新能源技术研究院建筑由研究所、会议中心、培训楼、科研楼和配套设施构成。

其中，科研楼 1 号位于基地西南角，地上建筑面积为 29 820 平方米，地上 17 层，地下 2 层，建筑高度 79.80 米。房间类型分为研究院的行政和职能办公、辅助型办公等，包括研究院总部各部门及配套服务（包括网络中心等）、资料档案室、展示、接待、科研孵化等。

研发楼群共划分为两大主要功能区，即研发楼和试验车间。研发楼地上建筑面积为 64 680 平方米。

配套建筑包括科研楼 2 号和科研楼 3 号、培训教学楼和会议中心，是 4 个局部相连通的独立建筑，地上总建筑面积 61 060 平方米。

建筑群高度 20 ~ 80 米；容积率 1.37；绿化率 45%。

图 4 - 44（b）　国电新能源技术研究院

第五章

外籍建筑师在中国的实践

　　自封建社会开始，中国便有了引进外来建筑的先例，佛塔建筑便是代表之一。改革开放后，随着国民经济的高速增长、人民生活水平的不断提高、中国国际地位的不断提升，城市建设得到了空前发展。在世界经济文化全球化的背景下，中国建筑市场逐步向世界敞开了大门，从相对封闭的自我发展状态中走出，重新回到世界建筑的格局当中。域外各国（如英国、美国、法国、瑞士、荷兰、澳大利亚、日本等）建筑师纷纷漂洋过海进入中国市场，他们不仅带来了不同的材料、技术，新的创作理论、方法，同时，还以夹杂着丰富域外文化内涵的形式冲击着中国建筑事业，40年间，多数域外建筑师在华创作实践以精湛的水平和丰富的经验开拓了国人的视野。

一、发展历程

　　纵观改革开放40余年，域外建筑事务所进入中国建筑市场的过程是与世界及中国经济改革和发展历程相契合的。大体上可分为3个阶段，从初入、加速到全面开花，每个阶段的域外建筑设计，在建筑类型、规模、分布地区以及设计特色上都有所不同。

第一阶段：

第一阶段为 1978～1990 年，是开放初期。自 1984 年起，我国在工程建设上开始实行招标制度，初步建立了中国建筑市场的竞争机制，为域外建筑事务所参与中国内地建筑设计项目提供了相对公平的竞争环境。最早进入中国建筑设计市场的是日本建筑师，这多与日本财团的投资或引进技术有关。除此，中国香港建筑师也因为在地理和语言上靠近大陆，成为进入中国大陆建筑市场的先锋。该阶段各项目工程主要集中于我国经济最为繁荣的北京和上海两座一线城市，古都西安也存有零星项目。改革开放之初，面对酒店和办公建筑数量匮乏的状况，该阶段建筑类型多为涉外酒店建筑和少量的涉外办公楼。[①] 而此时正值国际式衰退，新理性主义、后现代主义等设计思潮兴盛，不同类型的建筑流派与风格纷纷着陆中国，各域外建筑师对现代建筑与我国传统建筑结合进行了探讨，推动了我国本土建筑地域化发展。

例如，由美国陈宜远建筑设计和地产公司设计的北京建国饭店（1982 年竣工），在设计手法上沿用了中国传统官式建筑群体的手法，代表中国传统的庭院空间被巧妙地应用于现代性饭店的空间营造中[②]；由加拿大 B＋H 事务所设计完成的厦门高崎国际机场候机楼，屋顶逐层退台并升高，折线形架空斜脊和两端微有上翘的正脊共同组成飘逸的屋顶轮廓，是对中国传统形式的现代性探索与尝试，呼应了地域特色[③]；由美国贝克特设计公司完成的北京希尔顿长城饭店，其设计提取了传统城垛和女儿墙元素来隐喻中国长城[④]；由美籍华裔建筑师贝聿铭设计的香山饭店（见图 5－1），通过借鉴江南私家园林庭院空间的平面布局特征表现

---

① 张晓春：《评"全球化冲击——海外建筑设计在中国"》，载于《时代建筑》2007 年第 2 期。

② 北京市旅游局基建处：《建国饭店简介》，载于《建筑学报》1982 年第 9 期。

③ 佚名：《厦门高崎国际机场候机楼》，载于《建筑学报》1997 年第 3 期。

④ 美国培盖特国际建筑师事物所：《北京长城饭店》，载于《建筑学报》1980 年第 5 期。

住宅类型，并以灰白色调和
菱形窗等细部，再现传统门
窗元素，对中国传统营造手法
与西方现代性建筑原则的融合
进行了探索，表达了华人建筑
师对中国建筑民族之路和本土
地域性的思考。①

图 5 – 1　香山饭店

第二阶段：

第二阶段为 1990 ~ 2000 年，是域外建筑师在华设计加速发
展的阶段。这一时期，我国经济改革开放程度继续加大，建筑市
场进一步繁荣，欧洲建筑师也开始进入中国市场。地区分布由早
期的北京、上海向广州、深圳、大连等经济发达城市扩散。建筑
类型也由宾馆建筑向综合型写字楼建筑转变②，如北京中日青年
交流中心、中国银行总部（见图 5 – 2）、上海金茂大厦（见图
5 – 3）、深圳地王大厦等。

图 5 – 2　中国银行总部

图 5 – 3　上海金茂大厦

---

①　杨岫：《境外事务所在中国设计实践的现状研究》，天津大学学位论文，2010 年。
②　张晓春：《评"全球化冲击——海外建筑设计在中国"》，载于《时代建筑》
2007 年第 2 期。

　　这一时期的设计手法开始转变，域外建筑师逐渐脱离对传统形式的模仿，转向对我国传统原型的提取，以及地域材料、特色文化的再现。SOM 事务所设计的上海金茂大厦（见图 5 - 3）以中国塔为原型，同时借鉴中国传统佛教文化理念，将外立面设计成 13 节来体现佛塔的最高境界。① 该阶段域外建筑师作品大多数以商业开发为目的，数量虽多却缺乏精品。

　　第三阶段：

　　第三阶段为 21 世纪初至今，即域外建筑在国内全面发展的时期。② 伴随着 2008 年北京奥运会、2010 年上海世界博览会、2010 年广州亚运会的相继申办以及我国国民经济的持续高速增长，中国建筑市场成为国际建筑师的试验场、世界注目的焦点。越来越多的域外建筑师远离家乡，来到中国寻求实现梦想的机会。欧美建筑师来华数量大幅度增加，域外建筑遍布国内各大中城市，建筑类型也逐渐扩展到商业、办公、住宅、会展、剧院、政府重点工程乃至更大尺度的城市设计和规划。

　　这一阶段域外建筑师加大了对中国传统文化、精神、地域文化的关注，以及对本土设计的关怀，尤其是中外联合设计里中方的建议受到重视。同时，高新技术的快速发展攻克了许多建造技术难关，使建筑结构形式、材料等方面摆脱了以往的限制而表现得更为大胆，一时间我国涌现了大量的域外建筑作品。正因技术条件的相对成熟与国际建筑师的蜂拥而至，21 世纪的域外建筑师作品在外形、造价、隐喻含义等诸多方面饱受争议，但不能否认这种热议证明了全民主人翁意识的增强及我国建筑水平的提高。可以说，21 世纪的域外建筑师创作强烈地推进了中国地域建筑文化研究与实践的发展。中国国家大剧院、中央电视台新台址——

---

　　①　古今：《跨世纪的上海金茂大厦》，载于《时代建筑》1994 年第 3 期。
　　②　张晓春：《评"全球化冲击——海外建筑设计在中国"》，载于《时代建筑》2007 年第 2 期。

央视大楼（见图 5–4）、长城脚下公社、首都机场 T3 航站楼、国家体育场、五棵松文化体育中心、国家游泳馆、国家图书馆、中央美术学院美术馆（见图 5–5）、天津图书馆（见图 5–6）、上海环球金融中心、东方艺术中心、上海南站、广州歌剧院、广州体育场、郑州郑东新区规划等都是这一时期的建筑创作实例。

图 5–4　央视大楼

图 5–5　中央美术学院美术馆

图 5–6　天津图书馆

二、外籍建筑师作品特征

世界文化的多元性亦体现于建筑风格之中，在不同风格特征及其教育背景的影响下，建筑师创作手法形成众多流派，但究其根本总带有创作者母国文化的印记，因此，不同流派的建筑师可以依其所属国度找到一定的共性。

1. 美国：多元与现代

美国是现代建筑的发源地之一，其经典的芝加哥学派、有机建筑和国际式风格影响了几代建筑师。同时它也是多民族融合形成的国家，文化的包容性与开放性成就了其建筑设计理论的全面发展。19 世纪 80 年代后，美国当代建筑理论与实践愈发趋向于多元与折中，在继承了传统理性特点的基础之上，美国新一代建筑师对各种设计理念进行了深度探索与融合，形成了文化多元、风格多样的发展态势。[1]

设计方法上，美国设计者在建筑的功能综合性与全球融入性方面表现得更为突出。上海金茂大厦（SOM 设计公司）、上海环球金融中心（KPF 设计公司）（见图 5 – 7）、上海中心大厦（Gensler 建筑设计事务所）等设计中，美国设计团队展现出对协调大型办公综合体建筑内外关系的能力；上海西郊百联购物中心、北京银泰中心等设计中，捷得国际建筑事务所（The Jerde Partnership）与波特曼建筑师事务所（John Portman & Associates）增强了我们对大型商业建筑空间的构成与建造、商场气氛的制造和经营的理解[2]；中国银行总部、深圳华侨城欢乐海岸会所等设

① 唐剑：《自由与梦幻》，合肥工业大学硕士学位论文，2010 年。
② 刘航：《为中国设计——翰·波特曼建筑设计事务所在中国的设计实践》，载于《时代建筑》2005 年第 1 期。

计中，贝聿铭、迈耶等国际知名设计师增进了我们对空间、几何形体以及周边环境的利用；北京当代 MOMA、四方当代艺术馆（见图 5－8）等设计中，斯蒂文·霍尔则以知觉现象思想为理论依据，通过探索事物本质的和内在的意义，揭示环境和场所的内在精神。

图 5－7　上海环球金融中心

图 5－8　四方当代艺术馆

2. 日本：东方与禅意

20 世纪，日本成功地将现代主义建筑的精髓吸收并进行了本土化改造，形成了具有日本精神、东方哲思的建筑风格，引领了世界建筑潮流。同为东亚文化圈，日本建筑师在中国的创作实践给了我们关于复兴本土建筑文化最直接的启发，他们除了从自身关心的独特建筑视角切入之外，对中国现代建筑的传统回归也有深入思考。限研吾设计的民艺博物馆（见图 5－9）用不锈钢铁丝连接瓦片作为幕墙，创造了外部的消隐和内部戏剧性的光影的视觉效果，拓展了中国传统瓦片的形式语言。矶崎新设计的上海喜马拉雅中心，底层光线阑珊的"林"间意境将传统的古典诗意与时代的现代生活完美地融合在一起。除此之外，日本设计的作品表现出细腻、单纯、轻盈、激烈，以及对自然的抽象，即"禅"的

图 5 – 9　民艺博物馆

意境。与西方美学法则不同，其对正面性与扁平化的偏爱，更符合东方审美要求。安藤忠雄的良渚文化艺术中心，设计中细腻的清水混凝土、静谧的屋顶采光窗、延伸至屋面下的水面和水岸边的樱花道，使建筑成为人与自然的中介。

3. 英国：高技与生态

改革开放以来，与英国建筑师的合作开拓了国内有关建筑技术与生态的视野。英国是建筑高技派最主要的发展国家之一，多位国际知名建筑师都在建筑创作中极力表现技术美学，以建造技术的探索性、结构语言的合理性、技术的审美性到达技术的艺术化境界。在福斯特事务所完成的北京 T3 航站楼（见图 5 – 10）中，精心设计的屋顶天窗系统、悬挂幕墙体系都实现了技术语言创新，光线在建筑空间中诗意地流动，达到了建筑审美性功能与实用价值的完美统一。建筑师哈迪德对建筑艺术形式和空间语言的全新创造，如广州歌剧院（见图 5 – 11）的连续、流动、非线性的"砾石"形态，也离不开现代科学技术手段的支持。技术的创新除了能够展现机械美学，还可以应对全球的生态危机，英国建筑师在创作中探索了技术在生态建筑中的应用。福斯特、罗杰斯、阿特金斯建筑设计集团等不断探索技术的可持续性运用，将可持续性、理念生态技术理念融入各自的建筑思想中。福斯特的上海久事大厦设计和阿特金斯建筑设计集团的上海佘山世茂深坑

酒店设计都通过"空中花园"、自然光等手法探索了如何在建筑中创造出生态空间。另外，可呼吸玻璃幕墙、可调节的控制系统等仿生智能的高新技术的运用，为我国绿色建筑的发展提供了经验。

图 5 – 10　北京 T3 航站楼

图 5 – 11　广州歌剧院

4. 荷兰：时代与城市

20 世纪上半叶，荷兰就孕育了结构主义、表现主义、风格派运动，至今其建筑的整体水平一直高居世界前列，并以先锋派的姿态倡导建筑的时代精神。宽容开放的创作环境使荷兰建筑师的个性得以尽情释放，形式可以极致发挥。但看似反复无常和个性率真的形式之下，都有着强大的理论支持，如库哈斯的镜像团队（OMA 和 AMO）。作为 OMA 的互补性工作室，AMO 的主要工作是收集资料、策划和研究，为库哈斯及大都会事务所的实践提供强大的理论支持。同样，在 MVRDV 的建筑事务中，理论研究工作所占比重甚大。所谓"兵马未动粮草先行"，MVRDV 的建筑事务以研究为先，为建筑设计实践提供强有力的理论后盾。以库哈斯和 MVRDV 为代表的荷兰建筑师对当代城市和时代观有着深刻认识和深入研究。库哈斯在 *S，M，L，XL* 一书中提出了广谱城市的概念，并在新央视大楼（见图 5 – 4）中用一个迷你城市来质问摩天楼的原理，从而创造新的城市概念；MVRDV 事务所则运用跨学科的数字技术对当下城市问题进行研究和建筑实践。虹桥花瓣楼设计中，MVRDV 事务所以大量数据的分析、综合、推演及设想，深度解析城市规划和单个建筑的内在联系，创造出单体各具特色而城市空间统一的效果。

5. 法国：艺术与美学

法国作为西方古典艺术与美学的培养基地，其建筑师善于从绘画、雕塑等纯艺术领域吸收灵感来丰富自己的创作，运用他们善于观察的眼睛和善于思考的大脑，从各个方面吸取灵感，力求打破约束，创新形体的研究。让·努维尔将科学技术与多类视觉艺术相结合，M. 富克萨斯在雕塑、绘画和建筑之间建立起直接的联系，克里斯帝安·德·鲍赞巴克则注重依靠画家的感觉为建筑设计开辟道路。在国家大剧院（见图 5 - 12）的设计中，保罗·安德鲁不拘泥于任何先验的规则，三座功能各异且相互分离的剧场在简洁的苍穹外表下创造了一种全新的形式概念，打破了以往人们对建筑形态既有的认知观念，虽然引发争议，但毕竟有所创新。在上海大剧院（见图 5 - 13）设计中，夏邦杰设计事务所（ARTE Charpentier）通过中法经验交流，结合自身对中国文化的理解，将法国文化传入上海并与本土文化进行对话，从而通过自己对文化的理解，对中国传统图腾进行现代诠释，创造出具有中华文明特征的建筑作品。在北京 798 艺术中心的设计中，伯纳德·屈米极富创意地提出重叠并置观点，创造了"车间文化 + 当代艺术"的改造模式，在现有城市杂乱无序的环境中捕获对光明未来的憧憬。

图 5 - 12　国家大剧院

图 5 - 13　上海大剧院

6. 德国：理性与精致

尼思曾在他的《解读德国人》中说道："在德国，一定要守秩序。"由此可见，德国是世界公认的理性民族，他们的设计观念同样体现着精密、细致、认真和严格的德意志日耳曼精神，极致几何体打造而成的建筑诗意在德国建筑师的作品中随处可见。看似简单的几何形却建立在理性基础之上，蕴含着深刻的哲学思想内涵。KSP 事务所设计的国家图书馆（见图 5–14）将多方面的信息与影响因素进行整合，构成理性与简洁的形体与空间。GMP 事务所设计的北京万达广场（见图 5–15）由三个两座塔构成，既没有象征复杂符号的装饰，也没有迎合消费主义的风尚。均布的灰白框架优雅而不失理性，谱写着简洁而纯粹的立体诗篇；建筑形体纯粹、简洁，极具雕塑感，于大都市的中心闹中取静。青岛大剧院建筑雕塑化的体块处理、水平式细分的石制饰面、韵律感的天然石板墙幕，"唤起了人们对崂山风景直接的联想：像山一样雄伟厚重的建筑和像云一样轻盈悠闲的屋顶，形成了有趣的建筑对话"。从形式来看，大多数德国籍建筑师的在华作品虽更多偏向国际式风格，较少与中国传统文化呼应，但其形式背后实用主义的空间设计和材料应用及理性的设计风格，在某种程度上更加切合了我国当前建筑市场的实际需求。

图 5–14　国家图书馆

图 5–15　北京万达广场

除了上述建筑文化输出的主要国家，域外其他国家如芬兰、瑞士、葡萄牙、西班牙、加拿大、澳大利亚、韩国等对中国建筑的发展与推动也做出了贡献。万科蓝山会所等的设计中，芬兰建筑师亲近自然和对建筑人情化塑造；清华大学艺术博物馆的设计中，瑞士建筑师马里奥·博塔以类型学的方法从历史中寻求建筑形式的表达逻辑；实联水上办公楼（见图5-16）的设计中，葡萄牙建筑师阿尔瓦多·西扎把其创造富有力度的现代建筑的才能同对场所精神特有的敏感性融合到一起；国家游泳馆（见图5-17）的设计中，澳大利亚PTW建筑事务所在建构中的诗意创造；国家体育馆（见图5-18）的设计中，瑞士建筑师雅克·赫尔佐格和皮埃尔·德梅隆对建筑表皮与材料的深入表现……这些作品都为我国建筑发展画上了重重的一笔。

图5-16　实联水上办公楼

纵观新时期域外建筑师在华建筑实践，虽然出现过地域融入性低、设计良莠不齐以及评价褒贬不一的现象，但其观念和实践推动了我国建筑水平的提高，大多数域外作品在保留各自特性的同时，又注意吸收融合中国本土文化。众多国际知名建筑师和建筑设计事务所在中国留下了他们的不朽杰作，带动了我国建筑界的多元化发展，在学术层面缩小了与国际建筑界的差距。相对于域外建筑师和事务所在中国的项目数量与活跃程度，我国建筑师或建筑设计机构在域外发达国家进行的建筑创作还有待进一步发展，中国建筑师的国际化道路任重而道远。

图 5 – 17　国家游泳馆

图 5 – 18　国家体育馆

三、优秀建筑作品示例（部分）

1. 上海金茂大厦

Shanghai Jinmao Tower

2. 中央美术学院美术馆

Central Academy of Fine Arts, Museum of Contemporary Art

3. 广州歌剧院

Guangzhou Opera House

4. 清华大学艺术博物馆

Tsinghua Art Museum

5. 大连国际会议中心

Dalian International Conference Center

图 5 – 19（a） 上海金茂大厦

1. 上海金茂大厦

Shanghai Jinmao Tower

设 计 者：美国 SOM 事务所
地　　点：中国上海
完工时间：1999 年
用地面积：23 257 平方米
项目面积：287 000 平方米
楼 层 数：88 层
建筑高度：420.5 米
承 建 方：上海建工（集团）总公司

　　420.5 米高的上海金茂大厦落成时是当时中国最高的建筑，至今仍是最具标志性的大楼。这座 88 层高的大厦外形类似古代宝塔，缩进式结构创造出一种节奏感，已经成为中国摩天大楼设计的典范。

拥有 555 间客房的君悦酒店占据大厦上部 38 个楼层，可以纵览城市及周边区域的美景，而大厦下部 50 个楼层为办公楼。6 层楼的裙楼包含 1 个会展中心、1 家影院和 20 000 平方米的商业空间。大厦一层为景观庭院所环绕，内设座椅和倒映水池，可谓闹中取静，远离尘嚣的理想场所。

图 5 − 19（b） 上海金茂大厦

　　先进的结构工程技术确保大厦经受住当地典型台风地震的侵袭。该建筑的金属玻璃幕墙倒映着这座城市变幻无穷的天空，当夜幕降临，整栋大厦及楼顶熠熠生辉。[①]

　　设计师以创新的设计思想，巧妙地将世界最新建筑潮流与中国传统建筑风格结合起来，成功设计出世界级的、跨世纪的经典之作，成为海派建筑的里程碑，并已成为上海著名的标志性建筑物。1998 年 6 月荣获伊利诺斯世界建筑结构大奖，1999 年 10 月容膺新中国 50 周年上海十大经典建筑金奖首奖。

　　上海金茂大厦采用超高层建筑史上首次运用的最新结构技术，整幢大楼垂直偏差仅 2 厘米，楼顶部的晃动连半米都不到，这是世界高楼中最出色的，还可以保证 12 级大风不倒，同时能抗 7 级地震。大厦的外墙由大块的玻璃墙组成，反射出似银非银、深浅不一、变化无穷的色彩。[②]

---

① 《金茂大厦》，SOM 官方网站，http：//www. som. com/china/projects/jin_mao_tower。

② 《中国地标性建筑结构分析》，筑龙网，http：//zy. zhulong. com/topic_dibiao-jianzhu. html。

图 5 - 20 （a） 中央美术学院美术馆

2. 中央美术学院美术馆

Central Academy of Fine Arts, Museum of Contemporary Art

设 计 者: 日本株式会社矶崎新工作室
地　　点: 中国北京
项目时间: 2003 ~2008 年
建筑面积: 14 777 平方米

　　美术馆建筑呈微微扭转的三维曲面体，虚实参半，天然岩板的幕墙，配以最现代性的类雕塑建筑，展现出中央美术学院内敛低调的特质，与校内原有建筑物协调。美术馆占地 3 546 平方米，地上四层，地下两层，局部地下一层。二层为固定陈列展，展示古代书画和美院资深教授的赠画藏品，以及当今美院在籍教授的作品；企划展厅设置在三层及四层，皆为天光围幕的敞开式的现代化展厅。三层超过 10 米高的活动展厅可为当代艺术展览提供更多的可能性。美术馆藏品库房位于地下二层，采用国际最新信息技术和数字化管理，在软硬件方面均可达到国际水准。报告厅可容纳 380 人，为学术研讨、专题讲座及新闻发布会等提供了便利的场所。①

图 5 – 20（b）　中央美术学院美术馆

---

① 　中央美术学院网站：http：//www. cafa. edu. cn/st/2018/10119441. htm；东福大辅：《中央美术学院美术馆》，载于《建筑学报》2008 年第 9 期。

图 5-21（a） 广州歌剧院

3. 广州歌剧院
Guangzhou Opera House

设 计 者：扎哈·哈迪德、帕特里克·舒马赫
地　　　点：中国广州
项目时间：2003～2010 年
建筑面积：70 000 平方米
承建方：中国建筑第三工程局有限公司（中国广东）

　　2002 年 11 月底，广州大剧院设计方案开始公示，来自国内外的 9 个设计方案参与角逐。经过甄选，评审从 9 大方案中初定 3 大方案，分别是奥地利 CoopHimmelblau 事务所的"激情火焰"、英国设计师扎哈·哈迪德的"圆润双砾"和来自北京市建筑设计研究院的方案"贵妇面纱"。最终扎哈的"圆润双砾"方案中标。"圆润双砾"将毗邻的博物馆和活动中心联合在一起，与海心沙公园、广州西塔遥相呼应，形成了统一的景观视野。

　　广州歌剧院外部地形设计成跌宕起伏的"沙漠"形状，与周边高楼林立的现代都市形象构成鲜明的对比。主体建筑造型自然、粗野，为灰黑色调的"双砾"，它隐喻由珠江河畔的流水冲来两块漂亮的石头，这两块原始的、非几何形体的建筑物就像砾石一般置于开敞的场地之上。设计既融合了勒·柯布西耶的粗犷主义风格和后现代建筑的隐喻理论又发挥了自己的动态构成设计手法。虽然扎哈把歌剧院比作两块宁静的石头，但极具动感的流线造型仍然可以让人们联想到石头被冲刷的过程和流动的珠江。

在设计广州大剧院时，为了不破坏流线型设计的美感，扎哈坚决反对加入反声板，但是基于视听效果的考虑，几乎全世界的音乐厅都安装了反声板。庆幸的是，声学设计大师马歇尔博士与扎哈一拍即合，实现了扎哈的"完美主义"。他设计的"双手环抱"式看台不仅延续了扎哈完全不对称的流线型设计的视觉美感，更以其精妙的结构，达到了1.6秒的混响和全场无差异的完美音效，使广州大剧院的内部声学效果达到国际一流水准。①

图5-21（b） 广州歌剧院

---

① 许晓蕾：《广州大剧院设计者扎哈哈迪德病逝 大剧院为其成名作》，载于《南方都市报》2016年4月2日。

图 5 – 22（a）　清华大学艺术博物馆

4. 清华大学艺术博物馆

Tsinghua Art Museum

设 计 者：马里奥·博塔、中国建筑设计研究院
地 　点：中国北京
项目时间：2012 ~2016 年
建筑面积：30 000 平方米

图 5 – 22（b）　清华大学艺术博物馆

清华大学艺术博物馆是学校为迎接即将到来的百年校庆而建设的重点工程之一。工程采用国际招标的方式，马里奥、博塔等多位国际知名建筑师参与投标，最终博塔的设计凭借对该项目及场地的充分理解与合理阐释得到了评委们的一致认可，并在美术学院内部专家教授评议会上获得全票通过。

清华大学创办博物馆的想法，由来已久，可追溯到1969年，由梁思成等提出创办。直到2002年，清华大学艺术博物馆开始向社会各界征集建筑方案。清华大学艺术博物馆，一定程度上体现了清华大学的高等学府姿态，同时也承担着成为清华园中文化与艺术交流场所的重担。建筑的纪念性、实用性都极其重要。同时，这座博物馆承载着清华大学深厚的文化艺术底蕴与厚重悠久的历史，也要体现清华人对艺术的追求，这对建筑的文化属性提出了很大的诉求。

清华大学艺术博物馆在立面形式符号上基本以矩形为主，间或有正方形和少量的三角形。建筑的空间结构表达了博塔一贯的设计思想和娴熟的设计技巧，体量的组合清晰地表达了建筑内部三方面的功能——位于上部的美术馆、位于首层的博物馆和位于西侧的服务空间。

清华大学艺术博物馆的细部处理，处处体现了博塔对材料质地的考究和对节点的关注。屋顶女儿墙长且平整，使建筑显得庄重且肃穆，同时由于南北两侧立面首层博物馆部分顶部的三角形形体，又让整个建筑不显得呆板。建筑顶层沿长向立面整齐摆列的正方形体块，增加了建筑整体的秩序感。立面石材的尺寸经过精心的设计，部分石材增加了水平的条纹装饰，使人不由得联想到卡洛·斯卡帕（Carlo Scarpa）式的建筑细部。①

---

　　① 陈琦：《马里奥·博塔的建筑思想——清华大学艺术博物馆解读》，载于《建筑师》2009年第2期。

图 5 - 23 （a） 大连国际会议中心

5. 大连国际会议中心
Dalian International Conference Center

设 计 者：蓝天组、大连建筑设计研究院有限公司
地　　点：中国大连
项目时间：2008 ~ 2012 年
建筑面积：117 650 平方米
承 建 方：中国建筑第八工程局有限公司（中国大连）
图文来源：大连建筑设计研究院提供，http：//www. adstyle. com

　　大连坐落在中国辽宁省辽东半岛的最南端，是重要的港口以及工业、贸易和旅游中心。大连国际会议中心位于城市主轴的末端，占地位置是根据在建筑前方交汇的两大城市轴线的取向而定的，旨在建造一座辨识度极高的标志性建筑，其最终建成形式使其从周边建筑之中脱颖而出。

　　建筑内中心位置包含 1 600 座大剧院、2 500 座会议厅，两大主空间高度比入口大厅高 15. 3 米。建筑内部最大限度地使用自然照明和通风，来减少人工照明和机械通风，充分利用可持续能源，如太阳能、海水资源等，以热泵来利用海水的热能，夏季制冷、冬季供暖，以太阳能电池板结合建筑形体生产清洁能源。

图 5 - 23 （b）　大连国际会议中心

第六章

走向世界的中国建筑

改革开放以来，中国建筑业伴随着经济而高速发展。40 余年来，中国城市建设突飞猛进，成绩斐然。随着 2002 年中国加入 WTO，中国经济也逐渐融入世界格局，2008 年奥运会在北京举行，2010 年世博会在上海举行……全球化背景下，文化的交流与互动已成为全世界的大趋势，这在建筑界表现尤为突出。在大量引进西方建筑文化的同时，以大量性实践为依托，中国建筑在设计观念、方法与形象方面日益丰富多彩，建筑技术也取得了长足的进步。在学习、借鉴西方建筑理论、方法的同时，中国建筑界逐渐形成自己的特色，并开始在世界范围内崭露头角，独树一帜。2000 年以来，历经 10 年建筑黄金时代之后，中国建筑市场逐渐趋于理性，摆脱了"大跃进"式的建筑开发，慢下来的建筑人开始反思，改革开放以来建筑领域经历了哪些变革？有哪些成就？还存在哪些问题？在创作主体与行业文化、社会环境与大众文化以及城乡建设等方面，还有哪些问题？今后的中国建筑之路该如何前行？在全球环境日益恶化的今天，中国建筑如何才能良性而可持续地发展？

2017 年 10 月召开的党的十九大上，习近平总书记在报告中明确提出："从现在到二〇二〇年，是全面建成小康社会决胜期。要按照十六大、十七大、十八大提出的全面建成小康社会各项要求，紧扣我国社会主要矛盾变化，统筹推进经济建设、政治建设、文化建设、社会建设、生态文明建设，坚定实施科教兴国战略、人才强国战略、创新驱动发展战略、乡村振兴战略、区域协调发展战略、可持续发展战略、军民融合发展战略，突出抓重点、补短板、强弱项，特别是要坚决打好防范化解重大风险、精准脱贫、污染防治的攻坚战，使全面建成小康社会得到人民认可、经得起历史检验。"在党和国家提出的一系列新的治国方略及其推行过程中，我们如何把握契机，实现突破？

一、现 状 与 问 题

（一）创作主体与行业文化

随着东西方文化的交流以及中国建筑师自身理论与实践的深入，中国建筑创作主体观念正在不断深化，创作手法不断拓展并日益丰富，形成多元并存的局面。一些建筑学派初步形成，建筑形象也更加丰富和多元，但在一定程度上仍然存在一些问题，如观念与方法的不足，理论创新不足、成熟流派缺失，建筑批评的缺失等。

1. 观念有待提升

在观念层面，经过 40 余年理论与实践的探索，建筑创作主体观念发生了很大转变，呈整体提升状态。但是，在一定程度上依然存在着观念落后的现象。建筑创作中，表现为整体观念、环境观念的不足，特别是科学观念、可持续发展观念有待加强，重"匠"意、轻科学，重形式、轻内涵等意识普遍存在；也存在轻理论、重实践的意识。整体看来，建筑创新思维、整体动态思维与多维逻辑判断不够。

在对建筑类型的态度上，表现为重视公共建筑、标志性建筑形象，而对量大面广的城乡居住类建筑，特别是老旧建筑重视程度不够。

2. 理论创新有待加强

在理论认识层面，建筑界普遍对传统理解不够深刻。首先是对中国和西方传统以及现代建筑理论的理解不够深入，对其哲学内涵、核心思想领会不足，存在表面化、形式化现象。具体到方法层面，创作中存在局部化、片面化现象，手法板结或不分场合的抄袭等，还存在技术手段不够、专业协作不力等问题。

改革开放 40 年，整体看来，改革前期建筑理论创新不足，也缺乏具有成熟哲学的理论体系。

20 年前，笔者曾在硕士论文中提出："在我国新时期建筑创作中初步呈现的多元势态中，总体看来尚未形成成熟的流派，各种流派倾向的发展也长短不一，很多创作倾向甚至是刚刚萌芽。"①②

20 年后，特别是党的十八大、十九大会议召开以来，随着改革实践的深入，中国建筑创作开始有了新的突破，建筑思维进一步活跃，中国建筑的佼佼者们在持续、执着的探索中，从设计实践到理论提升，已经明确提出了成熟的哲学观念和创作主张，如何镜堂先生的"两观三性"理念、布正伟先生的"自在生成论"等。作为先行者，大师们从不同层面为中国建筑文化的飞跃做出了贡献。

3. 建筑文化与评论有待繁荣

理论指导设计实践，而实践又是理论的基础，两者相辅相成。

改革开放初期，中国建筑文化与建筑评论曾一度非常活跃。

中国建筑学会自 1977 年 9 月复会以来，举办了多次学术研讨活动。讨论与研究的主题丰富多样，如关于传统与现代、现在

---

① 李世芬：《走向多元——试论我国新时期建筑创作倾向》，天津大学硕士学位论文，1996 年。

② 李世芬：《创作呼唤流派》，载于《建筑学报》1996 年第 11 期。

与未来、中国与世界的讨论，对创作实践从单体到群体、从居住建筑到公共建筑，进行了广泛的探讨。

1984 年成立的"现代中国建筑创作小组"，1986 年成立的"中国当代建筑文化沙龙"，文化沙龙推出的《当代建筑文化与美学》等学术论著，针对建筑与文化、创作实践及相关理论问题展开了热烈的讨论、争鸣，并以独特的敏锐与激情为中国建筑创作注入了活力。1995 年，建筑师协会举办"建筑评论研讨会"，由此拉开了中国建筑评论的序幕。

1986 年，《建筑学报》以"重新认识建筑的文化价值"为题，首次引发了新时期的建筑文化热，1989～1995 年，已先后组织了 4 次"建筑与文化"讨论与征文活动。《建筑师》杂志不断推出富有创新与深刻思想的理论与作品，首次策划、组织"建筑与文学"的讨论，促进了建筑艺术的延展性。

吴焕加先生在《我们的建筑观念——三十年来的变化》中指出："翻翻当年的《建筑学报》就可以看出，那时候刊物上刊登的基本都是首长讲话或宣传党的指导方针，建筑师们最多也就是学习一下思想，自我检讨。'学报'中真正学习的内容少，被称为建筑'官报'……现在建筑学的地位上升了，刊物的增多，使得讨论建筑理论的人从不停的实践中解放出来。"[1]

改革开放中期，中国建筑文化曾一度沉寂。时至今日，明哲保身的现象在建筑界也不无存在，建筑评论几近失语。即使是国内元老级的专家之间也不会互相剑指；中青年学者更是不敢对其他建筑师进行过激评论；仅有的也只是元老对青年们少许的指点了。如此，刊物多表扬、赞颂，批评之辞则相对较少。整体上评论太少，建筑文化处于一种不自省的状态。

---

① 　吴焕加：《吴焕加文集》，华中科技大学出版社 2010 年版。

（二）社会环境与大众文化

1. 外来文化冲击下的文化失信

从封闭走向开放，改革开放对建筑文化起到了积极的促进作用。开放市场，加强中西文化交流，是全球化在建筑领域的必然结果。

虽然，西方文明貌似正在"从高峰滑落"[①]，但它毕竟经历了二三百年的发展，所形成的方法体系也具有一定的参考价值。中国拥有上下五千年的文明，但传统价值体系在一定程度上正在逐渐"被解构"、被一些人忽视，而新的价值体系还没能建立成熟。[②] 改革开放以来，外国建筑师的进入对中国建筑文化产生了不小的冲击，也在一定程度上形成了良性刺激。例如，改革开放初期的几个项目，贝聿铭设计的香山饭店对传统的新解，美国培盖特事务所设计的长城饭店对现代理念与技术的诠释，以及美国SOM 事务所设计的上海金茂大厦对本土观念的凸显、对生态技术的探讨等。

境外建筑师对中国建筑观念的强烈冲击，当始于 1998 年国家大剧院的国际竞赛，这是外国建筑师第一次在中国大陆中标如此重大的项目。[③] 之前，凡是国家性质的重要建筑都是由国内设计师设计，保罗·安德鲁方案的中标，标志着中国对外来建筑师态度的转变，也是中国对西方现代文化观念引入的初步尝试。[④] 保罗·安德鲁在中轴线临近天安门的领域内放了一个"巨蛋"，可谓标新立异。100 多名中国院士曾联名上书国务院，请求重作方案，国内建筑界对此展开激烈的讨论，众说纷纭，褒贬不一。

---

① ［美］塞缪尔·亨廷顿（Samuel Huntington）:《文明的冲突与世界秩序的重建》，新华出版社 2010 年版。
②③ 当代中国建筑设计现状与发展课题研究组:《当代中国——建筑设计现状与发展》，东南大学出版社 2014 年版。
④ 李冰:《1987 年以来外来建筑师在北京建筑的相关研究》，载于《时代建筑》2005 年第 1 期。

　　21 世纪以来，境外建筑事务所在中国的项目越来越多，并且在国家和地方的地标性建筑招标中频繁出现、中标。国外先锋设计思想变成了实体建筑摆在人们面前，中国，一跃成为现代建筑思想交汇、碰撞的地区。外国建筑师大举进入中国市场，一度使本土建筑师面临着前所未有的挑战和压力，但随着这些方案的落成，城市面貌、标志性建筑形象发生了改变，这无疑对于建筑文化的发展是有益的。正如崔恺院士所说："国外建筑师进入中国，给国内建筑设计领域带来了新的文化和交流机遇，促进了国内建筑师的眼界和设计水平的提高。"①

　　但是，也不乏质疑的声音。程泰宁院士指出："自外籍建筑师进入之后，国内多项大型建筑设计招标都只面向外国建筑师，或是以外国建筑师为主的中外联合体。"② 刘炜茗认为："国外建筑师的那些创新作品会模糊中国建筑文化的走向，甚至把中国建筑文化引向歧途。"③ 2008 年 6 月 26 日，在中国科学院学部首届学术年会暨中国科学院第十四次院士大会学术报告会上，两院院士吴良镛发言指出，中国的一些城市已成为外国建筑大师"标新立异"的"试验场"。④ 确实，这可能是中国的崇洋心理在作祟，中央电视台新大楼为了造型需要，不仅极大地挑战了工程力学的底线，并且，一座 55 万平方米的办公大楼落成后总造价超过了 100 亿元，这对于一个发展中国家来说，用如此巨额资金来建造一个办公楼，难道仅仅是为了艺术吗？是不是也有其他因素掺杂其中呢？

　　建设领域存在一定的文化失信，具体表现一是标志性建筑个性、地域性特征的缺失，特别是在有些小城镇表现比较显著；二

　　① 崔恺：《中国建筑师 VS 境外建筑师》，载于《城市环境设计》2004 年第 4 期。
　　② 程泰宁：《程泰宁文集》，华中科技大学出版社 2011 年版。
　　③ 刘炜茗：《国外建筑师给中国带来什么》，载于《南方都市报》2005 年第 4 期。
　　④ 邹德农、王明贤、张向炜：《中国建筑 60 年（1949～2009）：历史纵览》，中国建筑工业出版社 2009 年版。

是一定程度上的"千城一面"现象。大城？小镇？南方？北方？平原？山地？趋同的形象往往让人摸不着头脑。跟风、求大、攀高，一度成为时尚。西方建筑师的一些作品受到普遍关注，大量跟风而上的"风格"仿制品出现，有些管理者、建筑师忽视传统，或自主创新能力弱化。

2. 有待优化的进程

过去几千年，中国的建筑平稳、缓慢演变，从汉代规模巨大的宫殿，到宋代城市格局的规划，中国建筑曾一直受世界青睐，甚至日本现存的唐招提寺也依然显现着中国唐代佛光寺大殿的影子。但经历了清朝的闭关锁国之后，当西方列强打开中国的大门，我们猛然发现自己已落后于世界……时至今日，发展是必然趋势，前行的路上，我们还存在什么样的羁绊？我们如何继承传统并赶超先进、走向世界呢？

（1）有待超越的束缚。中国传统营建中，由于规范比较严格缜密，建筑工匠在设计方面受很大的限制，梁思成先生写道："清式则例至为严酷，每部有一定的权衡大小，虽极小，极不重要的部分，也得按照则例，不能随意。"（《清式营造则例》序）中国传统文化强调传承，但少有突破和创新，虽然，文化遗产对建筑创作具有重要意义，国人擅于完善局面而不擅于打破局面，这种观念束缚了我们的创作思维①，循规蹈矩，不擅出新、出奇、出特的习惯有待改进。

（2）有待优化的创新机制。中国现行建筑高校中，大部分建筑专业学生敢于在设计上创新、突破。与学生相比，有些从业建筑师较少出奇、出新，在职场上久了，有些创意可能最终仅仅成为"想法"而无法实现，综合了管理、决策者的意见，历经一次次"洗练"，建筑师就像布满棱角的石头放在水中，越磨越平，最终或就变成了"鹅卵石"。相对来说，国外建筑

---

① 吴焕加：《吴焕加文集》，华中科技大学出版社 2010 年版。

师在中国的建筑多是挑战视觉的奇特造型，但决策者却对其持有更为宽松的态度。因此，国内社会环境对建筑创新的接收度至关重要。

每个城市不论是规划还是重要工程的启动，都是在"权利决策"之下开始的，倘若这种"权利决策"有违科学，或者仅为"一己之见"，则会成为种种城市乱象的根源。例如，山寨建筑、福寿禄大厦、方圆大厦等贪大、求洋、商业庸俗化建筑的出笼，不能仅仅只怪罪到设计师的头上，大部分的"创意"、拍板往往出自某些管理者、投资者，可谓"集体混成"，而规划师、建筑师可能只是这个创意的装饰者和落实者。

还有，领导换届、新官上任，如何防止另起炉灶般的建功立业？如何保证曾经完成的规划、建筑设计持续进行而不是从头再来？如何避免资源的浪费？如何进一步鼓励建筑师创新的积极性？[①] 这些都有待探讨。

（3）有待开放的话语权：建筑师、社会大众与使用者。"在建筑的设计过程中，大部分普通建筑师少有话语权，建筑的最终使用者多数也无法参与到建筑设计的探讨中。一般建筑师在设计过程中会考虑到使用者，但只是一个虚构的关系，想象的关系。"[②] 使用者是对建筑评价、建筑体验的大群体，如果最终使用者的话语能够加入管理者、建筑师与设计过程，方案不必只向圈内人和领导征求意见，会更加人性化。正如齐康院士所说："没有比提高全民的建筑意识观更重要的事儿了。"[③] 因此，提高全民的建筑意识，适度开放话语权，可谓全社会的责任。

---

①② 当代中国建筑设计现状与发展课题研究组：《当代中国——建筑设计现状与发展》，东南大学出版社2014年版。

③ 中国中央电视台、中国网络电视台，《大家——齐康专访》，http://tv.cctv.com。

二、把握契机，实现突破

（一）契机来临

可持续发展在中国越来越受到关注。围绕这一涉及人类未来发展环境的问题，建筑师和规划师逐渐开始重视人居环境品质的优化和改善，绿色建筑、被动式建筑、宜居城市等正在成为人类社会的共同需求。[①]"早在 1986 年，我国就开始试行第一部建筑节能设计标准，1999 年又把北方地区建筑节能设计标准纳入强制性标准进行贯彻"[②]，近年来东北居住建筑墙体加保温层就是在实行这一标准。但由于在思想观念、基础理论、技术支持、建设经费等方面的一些缺失，绿色建筑在中国还处于探索阶段。

建筑业作为国民经济的三大支柱产业之一，包含了土木工程、市政、建筑三大类，其覆盖面广，受众人群多，地位日益显著：2016 年全年国内生产总值 744 127 亿元，其中建筑业实现增加值 49 522 亿元（占比为 6.6%）；建筑企业是接纳就业的重点行业之一，2016 年建筑业从业人数 5 185.24 万人；市场化程度较高，是拉动内需和消费的重点行业。[③] 因此，在当前及未来发展中，建筑业必然面临深化发展的契机。

2012 年 11 月召开的中国共产党第十八次全国代表大会提出"科学发展观是党必须长期坚持的指导思想"；并提出"大力推

[①] 王建国：《传承与探新》，东南大学出版社 2013 年版。
[②] 邹德农、王明贤、张向炜：《中国建筑 60 年（1949～2009）：历史纵览》，中国建筑工业出版社 2009 年版。
[③] 住建部计划财务与外事司、中国建筑业协会：《2016 年建筑业发展统计分析》，2016 年。

进生态文明建设，扭转生态环境恶化趋势"的国策。"持续健康发展""文化软实力""资源节约型、环境友好型社会建设"等关键词体现了政府推进改革的力度。"实用、经济、生态、美观"的建筑方针，进一步科学地规范了建筑创作的指向，在国家层面明确了可持续发展的导向。

习近平在党的十九大报告中指出："坚持人与自然和谐共生，建设生态文明是中华民族永续发展的千年大计。必须树立和践行绿水青山就是金山银山的理念，坚持节约资源和保护环境的基本国策，像对待生命一样对待生态环境，统筹山水林田湖草系统治理，实行最严格的生态环境保护制度，形成绿色发展方式和生活方式，坚定走生产发展、生活富裕、生态良好的文明发展道路，建设美丽中国，为人民创造良好生产生活环境，为全球生态安全作出贡献。"[①]

党的十九大提出的"坚定文化自信，推动社会主义文化繁荣兴盛""乡村振兴战略""坚持在发展中保障和改善民生"等策略及相关举措，为建筑事业发展提供了契机。国家宏观政策导向之下，民生建设、生态文明与文化建设成为全社会的重点。具体到基础设施建设、小城镇建设、乡村建设，低碳、宜居等一系列项目启动并不断加大建设力度。同时，传统文化复兴、历史文化名城、文化遗产保护、既有建筑改造建设等项目，也为国家所倡导、关注，建筑作为支柱产业的机遇再一次来临，这也正是建筑文化的着力点。

（二）实现突破

1. 承启传统，文化自信

2016年10月27日，党的十八届六中全会进一步提出"坚

---

① 新华社：《习近平：开创新时代中国特色社会主义事业新局面》，中国政府网，2017年10月27日，http://www.gov.cn/zhuanti/19thcpc/。

定对中国特色社会主义的道路自信、理论自信、制度自信、文化自信"。2017 年 10 月,党的十九大报告明确提出"坚定文化自信,推动社会主义文化繁荣兴盛"的治国方略。①

　　自古以来,中华民族就是一个充满自信的民族。在古代,皇帝称自己为"天子",自汉朝以来,中国人就有一种意识,认为自己就是世界的中心。这不是管中窥豹的想法,因为当时的中国确实在世界上有着无法撼动的地位。德国经济史学家贡德·弗兰克在《白银资本》中说:"宋代中国在重要技术、生产、商业发展方面和总的经济发展方面尤为突出。麦克尼尔认为中国是当时世界上最重要的'中心'。"②

　　中国古代建筑也是充满自信的。汉代建筑规模巨大,长安与洛阳的宫殿,无论是巨阙还是台榭,都尺度宏大、风格雄健、比例优美;宋代的中国就能建出高达 5 层的木建筑,如山西应县的佛宫寺释迦塔;北魏时期,佛教传入,大建寺塔。佛教作为外来文化,迅速被"中国化",寺庙改变了原有的形制,主要采用中国宫殿与官署的形式,塔也与传统木构楼阁结合起来。虽然外来文化和中国文化大相径庭,但是其建筑文化的养分却被迅速消化吸收,也并没有改变本土的建筑体系。③ 有容乃大,是我中华的气魄与胸怀,这与现在盲目崇拜西方的现象大相径庭。

　　然而,19 世纪中叶西方列强的入侵,使得中华民族历尽磨难,一系列的不平等条约,让一个曾处在世界文明顶峰的民族一次又一次妥协屈从,"东亚病夫"的名号曾让国人几近走向民族自信悬崖的边缘……

---

　　① 《中共十八届六中全会在京举行》,人民网,2016 年 10 月 28 日,http://cpc. people. com. cn/n1/2016/1028/c64094 - 28814467. html。

　　② [德] 弗兰克著,刘北成译:《白银资本——重视经济全球化中的东方》,中央编译出版社出版 2008 年版。

　　③ 当代中国建筑设计现状与发展课题研究组:《当代中国——建筑设计现状与发展》,东南大学出版社 2014 年版。

　　改革开放初期，随着西方文化的进入，传统文化一度受到冲击，从城市到建筑"欧陆风"一度流行，这些现象归根结底是由于国人文化自信力的减弱。

　　随着改革开放的深化，建筑师开始意识到弘扬中国传统的重要性。从20世纪90年代的"欧陆风"到2000年以来的"新中式"，特别是党的十九大以来的内涵化发展，从形式的模拟到内涵的发掘，我们欣喜地看到，建筑界对中国文化的传承和创新性的发展已然起步，而且势头强劲。

　　2010年，世界博览会中国馆的招标仅在华人范围内展开，这一决定可谓建设性的进步，也表现了一个大国的民族自信。何镜堂院士方案的中标，弘扬了传统，更展示了中国建筑大师的水平和实力。虽然国内大众建筑师的设计水平不如境外明星建筑师，但如果不给予锻炼的机会，这种差距就会越拉越大。所以，我们每个人都应该拿长远的眼光来看待这种全球化带来的西方建筑思潮的进入。

　　改革开放初期，中国政府曾提出"与国际接轨"和"结合中国国情"。在全球化的形势下，由于技术、材料、工艺的交互，建筑趋同化是必然的，但建筑毕竟与商品不一样，环境不同，运作规范也不可能相同，何况中国境内有着如此大的地理、文化差别，经济发展的不平衡都是很难改变的，即使在发达地区也是如此。[①]

　　吴良镛院士指出，我们应该自省，尤其是要在广大百姓中普及一种思想，对本土文化要有一种"文化自觉的意识，文化自尊的态度，文化自强的精神"[②]。建筑工作者应该以探索中国建筑文化走向为主，以融入外来先进思想为辅，重视中国传统文化的

[①]　潘谷西：《中国建筑史》，中国建筑工业出版社2004年版。
[②]　吴良镛：《基本理念·地域文化·时代模式——对中国建筑发展道路的探索》，载于《建筑学报》2002年第2期。

传承和发展，使中国建筑更具民族主义精神。

2. 跨文化建构，多元化发展

程泰宁院士主张"跨文化"对话（2011 年）。[①] 所谓"跨文化"，以笔者的理解，主要指文化的有机交叉与融合，具体包括两个方面：一是对国外建筑文化的认识、包容、接受与适应；二是在本国文化领域内，接受除建筑文化之外的其他文化，如文学、音乐、绘画等相关艺术，并将其与建筑创作有效交叉，在形式、机理方面相互借鉴，和合同构。

史实告诉我们，跨文化对话是世界文化的发展方向，也是中国现代建筑文化发展的必经之路。建筑作为"石头的史书"，音乐、绘画以及美学等相关艺术与建筑文化的发展关系最为紧密。意大利文艺复兴时期，巴洛克艺术风格就在建筑设计的基础上发展成为装饰风格，一度在欧洲广泛流行。

古代中国建筑常常是跨文化的产物，尤其是对哲学理念的体现。天坛的祈年殿就是迎合了国人"天人合一"的宇宙观。祈年殿是一座直径 32.72 米的圆形建筑，殿内 28 根金丝楠木大柱，内圈 4 根柱寓意春、夏、秋、冬 4 个季节，中间一圈 12 根寓意一年中的 12 个月，最外一圈 12 根寓意每天的 12 时辰以及周天星宿，屋顶的圆形代表着天圆。中国古代园林设计，很多也是遵从了《易经》中的太极理念，蕴含了向心、互含、互否三种关系。

当今中国建筑，在一定程度上存在"千城一面"的现象和建筑文化特色的缺失。"这种文化失语、建筑失根的现象应该尽快得到改变"[②]，程泰宁院士指出，跨文化发展，将使 21 世纪建筑文化的发展具备以下 3 个特点[③]：

（1）跨文化发展使流派、思潮变化加速，建筑师要保持敏

---

①③　程泰宁：《程泰宁文集》，华中科技大学出版社 2011 年版。
②　当代中国建筑设计现状与发展课题研究组：《当代中国——建筑设计现状与发展》，东南大学出版社 2014 年版。

感性，避免保守僵化。

（2）跨文化发展不会使地域性特征消失，相反将使更多人以地域文化为出发点，吸收其他文化而产生一种新的特色，音乐、电影、绘画已经有此倾向。

（3）多元、多极是一个趋向，这符合艺术发展的规律，也符合群众审美的需求。中国建筑师应该以自己创造性的工作为世界建筑文化地发展做出贡献。

3. 鼓励创新，倡导流派

流派，可谓促动交流、繁荣文化的催化剂。竞争，可以最大限度地发挥人的潜能。

春秋战国时期，中国各种文化流派风起云涌，以孔子为代表的儒家、老子为代表的道家、墨子为代表的墨家，各大门派纷纷提出其哲学体系，百家争鸣，慷慨论战。纵观中国历史，春秋战国时期可谓思想最为活跃、文化最为繁荣的一段。在西方建筑发展史上，从横剖面来看，学院派、有机建筑、粗野主义以及人情化等曾在同一时期交相辉映；从纵剖面来看，从18世纪60年代的古典复兴到18世纪下半叶的浪漫主义，再到19世纪上半叶的折中主义，西方建筑界几乎整整一个世纪都处于这种百家争鸣的状态。

程泰宁院士主张弘扬流派，"流派的对立和形式风格的多样化不是混乱，而是艺术发展的规律"[1]。20年前，笔者也曾在《建筑学报》撰文《创作呼唤流派》[2]，现在看来，近40年的改革实践已经为形成流派创造了很多有利的条件。

西方文化的引入、外籍事务所的进入，在观念、方法层面为我们提供了新的视角。从创作主体到社会各界，创新思维、整体思维、可持续发展越来越得到肯定和鼓励，创新手段如计算机手

---

① 程泰宁：《程泰宁文集》，华中科技大学出版社2011年版。
② 李世芬：《创作呼唤流派》，载于《建筑学报》1996年第11期。

段与大数据的应用，促进了建筑文化的科学化、快捷性。近年来，实验性建筑和数字建构在中国悄然兴起。2010 年在中国举办的世界博览会以及各种展会，为实验性建筑及建筑竞赛提供了机会和展示平台，而数字建构在中国刚刚起步，在教育方面几乎是同时起步，即采用数字技术帮助设计建模和生产构件。赫尔佐格和德梅隆设计的国家体育场"鸟巢"，即运用了数字技术来解决复杂的结构问题。

体制转变中，个性创新拥有前所未有的机遇。计划经济体制下的设计院，无法发挥建筑师的个性创作。① 在市场经济体制下，随着建筑设计院体制从计划经济向市场经济的转型，"大锅饭"模式被打破，淘汰机制激励了设计院和建筑师的创新积极性。

我们欣喜地看到，世纪之交，中国建筑文化正在不断深化，建筑创作正在从单一走向多元，由形式走向科学，呈现可持续发展的良性态势。

2017 年 10 月，习近平总书记在中国共产党第十九次全国代表大会所作题为《决胜全面建成小康社会 夺取新时代中国特色社会主义伟大胜利》② 的报告中，特别强化了"贯彻新发展理念，建设现代化经济体系""坚定文化自信，推动社会主义文化繁荣兴盛"等治国方略③。党的十九大以来，随着中国经济的深度转型，"慢下来"的中国建筑师，开始深度思考着建筑的内涵、外延与方法，从实践到理论，从理论到实践，在深度的循环往复之中正在孕育着突破；而在明显增加的建筑文化活动中，不仅意味着交流机会的增多，似乎也正在孕育着中国建筑的集体提升，以及具有标志意义的某种飞跃——更多成熟学派的诞生，以及中国建筑文化的百家争鸣。

---

① 邹德农、王明贤、张向炜：《中国建筑 60 年（1949～2009）：历史纵览》，中国建筑工业出版社 2009 年版。
②③ 新华社：《习近平：开创新时代中国特色社会主义事业新局面》，中国政府网，2017 年 10 月 27 日，http：//www.gov.cn/zhuanti/19thcpc/。

（三）把握契机，走向世界

走向世界，乃中国建筑发展的必由之路。

曾几何时，丝绸之路开辟了中国与世界的通途，唐、宋时期中华文化远播重洋；曾几何时，闭关锁国的中国故步自封、落后受辱……如今，中国已经从一个百废待兴的落后穷国变成繁荣富强的新兴大国，我们为什么不能以自信的姿态走出去呢？

中国建筑师的国际实践，早在新中国成立之初已经开始了。改革开放以来，随着经济全球化的发展，中国同世界的联系更加紧密。国外知名建筑师逐渐走入中国市场，同时，中国建筑师也开始积极地走向世界，开始在国际竞争中展现中华文化和价值，进而提升了中国建筑在国际的影响力，也在一定程度上开始实现了建筑领域的"中国梦"。

1. 发达国家项目实践

马岩松先生一直在寻求一条与环境共存的道路，以东方的自然体验为基础诠释着未来主义建筑。曾获得纽约建筑联盟青年建筑师奖（2006年度），也是"全球建筑界最具创造力10人"之一、英国皇家建筑师学会（RIBA）国际会员、世界经济论坛"2014世界青年领袖"，被誉为新一代国际建筑师中最重要的声音和代表。马岩松及其MAD建筑事务所2006年在加拿大多伦多的"梦露大厦"超高层项目（2012年建成），成为历史上首位在国外赢得重大标志性建筑项目的中国建筑师①（见图6-1和图6-2）。

---

① 《中国的骄傲———中国当代最具影响力的三位建筑师》，360doc 个人图书馆，2014 年 1 月 7 日，http：//www.360doc.com/content/14/0107/10/13273127_343259246.shtml。

图 6 - 1　梦露大厦

（马岩松设计，加拿大）

图 6 - 2　梦露大厦

（马岩松设计，加拿大）

2. 第三世界国家项目实践

自 1949 年中华人民共和国成立，中国与第三世界各国逐渐建立起深厚的友谊，中国建筑师不仅驻外援建项目众多，也在招标项目中表现突出。

龚德顺先生曾主持了蒙古国乌兰巴托百货大楼、乔巴山国际宾馆（1960 年建成）等项目，戴念慈先生主持设计的斯里兰卡国际会议大厦（1973 年建成），均达到当代较高的设计水平。

程泰宁院士设计的加纳国家剧院具有丰富的地域特色："将三个方形体块加以旋转、弯曲、切割，塑造了一个奔放而有力度，精致而又不失浪漫，内外部空间比较统一的建筑形象。"程先生以黑非洲艺术如舞蹈、音乐、雕塑、壁画作为创作源泉，表现其强烈的冲击力、神秘色彩的夸张与浪漫。该项目在加强中加两国人民文化艺术交流和丰富加纳人民文化艺术生活方面，发挥了巨大作用。①

---

① 《中国建筑师也走出国门，去国外创作》，新浪博客，2015 年 10 月 31 日，http：//blog. sina. com. cn/s/blog_4da5de3c0102w0f2. html。

崔愷院士领衔设计的中国驻南非大使馆，采用传统的内院形式、中国园林造园手法如"对景""借景"，以及看似硬山的改良后的四坡屋顶等，给传统元素以全新表达，向外国友人展示着博大精深的中华建筑文化[①]（见图6-3）。

崔彤主持设计的泰国曼谷中国文化中心，通过内外空间不断地过渡与转化，形成具有"东方时空"理念的场所，成为中国文化传播和中泰文化交流的重要场所。建筑通过水平密檐体现中国古典，正面的中国建筑形态特征体现在水平向的延展；侧面关注垂直向度上的重叠，隐现泰国寺庙韵味。在适应环境、改造环境和表达环境上"优选"传统文化的基因，并在地脉与文脉的培养中促进了文化的交融[②]（见图6-4）。

图6-3　中国驻南非大使馆　　图6-4　泰国曼谷中国文化中心
（崔愷设计，比勒陀利亚）　　　　（崔彤设计，曼谷）

朱锫，作为中国美术馆及文化建筑领域中影响最大的建筑师之一，应古根海姆艺术基金会邀请设计古根海姆艺术馆（阿联酋阿布扎比馆），成为继弗兰克·赖特（Frank L. Wright）、弗兰克·盖里（Frank Gehry）、扎哈·哈迪德（Zaha Hadid）之后世界上设计古根海姆博物馆的知名建筑师，从而受到世界建筑界关

① 《［中国建筑在非洲］中国建筑师走出国门去国外搞创作》，每日建筑，2015年10月30日，http://www.cbda.cn/html/jd/20151030/74294_3.html。
② 崔彤：《泰国曼谷中国文化中心》，在库言库，http://www.ikuku.cn/project/taiguomangu-zhongguo-wenhuazhongxin-cuitong。

注，被美国建筑艺术媒体选为"当今世界最具影响力的 5 位（50岁以下）建筑师之一"（唯一的亚洲建筑师）。

除此之外，影响较大的还有：印度新德里 IT 经济特区（建筑面积 300 000 平方米，李虎及其开放建筑事务所设计），阿尔及利亚展览馆、几内亚人民宫、毛里塔尼亚的青年文化之家、马里会议大厦、埃及开罗国际会议中心，以及中华人民共和国驻开普敦领事馆、援非盟会议中心、多哥共和国总统府，还有援建的毛里塔尼亚友谊医院、苏丹共和国国际会议厅等。

走出去的中国建筑师，带着中国精神、中国速度，在世界各地精心设计，并结合所实践国家和地区的自然、文化背景而因地制宜、形成特色。

习近平总书记在党的十九大报告中强调"推动形成全面开放新格局"等治国方略。① 他指出："开放带来进步，封闭必然落后。中国开放的大门不会关闭，只会越开越大。要以'一带一路'建设为重点，坚持引进来和走出去并重，遵循共商共建共享原则，加强创新能力开放合作，形成陆海内外联动、东西双向互济的开放格局。"②

走出去，请进来，乃繁荣文化的睿智选择。

走出去，不仅意味着去国外发展，更意味着中华建筑自身文化水平的提高。

---

① ② 新华社：《习近平：开创新时代中国特色社会主义事业新局面》，中国政府网，2017 年 10 月 27 日，http：//www. gov. cn/zhuanti/19thcpc/。

参 考 文 献

1. ［英］爱德华兹（Edwards Brian），周玉鹏，宋晔皓：《可持续性建筑》，中国计划出版社 2003 年版。

2. 西安建筑科技大学绿色建筑研究中心：《绿色建筑》，中国计划出版社 1999 年版。

3. 鲍家声：《开放建筑思与行》，载于《建筑技术及设计》2013 年第 1 期。

4. 鲍家声：《支撑体住宅》，江苏科学技术出版社 1988 年版。

5. 布正伟：《高俗与亚雅——自在生成的两种文化走向》，载于《建筑学报》1994 年第 9 期。

6. 常青：《对建筑遗产基本问题的认知》，载于《建筑遗产》2009 年第 1 期。

7. 常青：《历史建筑保护工程学——同济城乡建筑遗产学科领域研究与教育探索》，同济大学出版社 2014 年版。

8. 常青：《历史环境的再生之道——历史意识与设计探索》，中国建筑工业出版社 2009 年版。

9. 常青：《我国风土建筑的谱系构成及传承前景概观——基于体系化的标本保存与整体再生目标》，载于《建筑学报》2016 年第 10 期。

10. 陈薇，http://www.chinaasc.org/news/115664.html。

11. 陈薇等：《走在运河线上（大运河沿线历史城市与建筑研究）》，中国建筑工业出版社 2013 年版。

12. 陈曦译注：《孙子兵法（精）——中华经典名著全本全

注全译丛书》，中华书局 2011 年版。

13. 陈晓扬：《当代适用技术观的理论建构》，载于《新建筑》2005 年第 6 期。

14. 陈晓扬、仲德崑：《地方性建筑与适宜技术》，中国建筑工业出版社 2007 年版。

15. 陈吟、唐孝祥：《比例、情感、意境：建筑艺术与音乐艺术的审美共通性》，载于《华中建筑》2012 年第 12 期。

16. 程建军，http：//www2. scut. edu. cn/architecture/2012/1104/c2893a101855/page. htm。

17. 程建军：《风水解析·风水与建筑·建筑家谈风水·科学看风水·中国建筑环境丛书》，华南理工大学出版社 2014 年版。

18. 程建军：《营造意匠·中国古代建筑与周易哲学·建筑家谈风水·科学看风水·中国建筑环境丛书》，华南理工大学出版社 2014 年版。

19. 程建军：《中国建筑与周易》，中央编译出版社 2010 年版。

20. 程泰宁：《程泰宁文集》，华中科技大学出版社 2011 年版。

21. 程泰宁：《中国工程院院士文集——语言与境界》，中国电力出版社 2015 年版。

22. 程郁缀：《唐诗宋词（第二版)》，北京大学出版社 2012 年版。

23. 崔恺：《中国建筑师 VS 境外建筑师》，载于《城市环境设计》2004 第 4 期。

24. 崔文河、王军：《多民族聚居地区传统民居更新模式研究——以青海河湟地区庄廓民居为例》，载于《建筑学报》2012 年第 11 期。

25.《中国大百科全书》（第二卷），中国建筑工业出版社 2001 年版。

26.《中国大百科全书》（第一卷），中国建筑工业出版社 2000 年版。

27. ［英］戴维·皮尔逊（Pearson，D.）著，董卫译：《新有机建筑》，江苏科学技术出版社2003年版。

28. ［法］丹纳著，傅雷译：《艺术哲学》，生活·读书·新知三联书店2016年版。

29. 单军、吴艳：《地域性应答与民族性传承——滇西北不同地区藏族民居调研与思考》，载于《建筑学报》2010年第8期。

30. 单德启等：《中国民居》，五洲传播出版社2003年版。

31. 当代中国建筑设计现状与发展课题研究组：《当代中国——建筑设计现状与发展》，东南大学出版社2014年版。

32. 《中国的骄傲——中国当代最具影响力的三位建筑师》，360doc个人图书馆，2014年1月7日，http：//www. 360doc. com/content/14/0107/10/13273127_343259246. shtml。

33. 邓庆坦、辛同升、赵鹏飞：《中国近代建筑史起始期考辨——20世纪初清末政治变革与建筑体系整体变迁》，载于《天津大学学报》（社会科学版）2010年第2期。

34. ［德］马丁·海德格尔著，陈嘉映、王庆节译：《存在与时间》，生活·读书·新知三联书店2006年版。

35. 范悦、程勇：《可持续开放住宅的过去和现在》，载于《建筑师》2008年第3期。

36. ［德］弗里德里希·尼采著，杨恒达译：《尼采全集》第1卷，中国人民大学出版社2013年版。

37. ［奥］弗洛伊德：《梦的解析》，中国华侨出版社2013年版。

38. ［上古］伏羲、［商］周文王、［春秋］孔子：《周易》，中国画报出版社2013年版。

39. 高介华：《楚国的城市与建筑》，湖北教育出版社2017年版。

40. 高介华主编，李晓峰、柳肃、谭刚毅副主编：《全国建筑与文化学术讨论会年鉴（1989~2009)》，洛阳，2007年11月。

41. 高名潞等：《85 美术运动》，广西师范大学出版社 2008年版。

42. 顾孟潮等：《中国建筑评析与展望》，天津科技出版社1989 年版。

43. 顾孟潮、王明贤、李雄飞：《当代建筑文化与美学》，天津科技出版社 1989 年版。

44. 管锡华译注：《尔雅（精）——中华经典名著全本全注全译丛书》，中华书局出版 2014 年版。

45. 贺玮玲、黄印武：《瑞士瓦尔斯温泉浴场建筑设计中的现象学思考》，载于《时代建筑》2008 年第 6 期。

46. 侯鑫、曾坚、王绚：《信息时代的城市文化——文化生态学视角下的城市空间》，载于《建筑师》2004 年第 5 期。

47. 胡昌善：《太极图之谜》，知识出版社 1990 年版。

48. 中华人民共和国农业部：《农业部关于大力实施乡村振兴战略加快推进农业转型升级的意见》，2018 年 1 月 18 日，http://www. moa. gov. cn/xw/zwdt/201802/t20180213_6137182. htm。

49. 中华人民共和国农业部办公厅：《农业部办公厅关于公布2017 年中国美丽休闲乡村推介结果的通知》，2017 年 9 月 19 日，http：//www. moa. gov. cn/govpublic/XZQYJ/201709/t20170921_5821813. htm? keywords = 。

50. 中华人民共和国住房和城乡建设部：《住房城乡建设部关于保持和彰显特色小镇特色若干问题的通知》，2017 年 7 月 7 日，http：//www. mohurd. gov. cn/wjfb/201707/t20170710_232578. html。

51. 中华人民共和国住房和城乡建设部标准定额研究所：《住宅设计规范》，中国建筑工业出版社 2011 年版。

52. 中华人民共和国住房和城乡建设部、中央农村工作领导小组办公室、中华人民共和国财政部、中华人民共和国环境保护部、中华人民共和国农业部：《2017 年各省（区、市）改善农村人居环境示范村名单》，2017 年 8 月 26 日，http：//www. mohurd. gov. cn/

wjfb/201709/t20170905_233176. html。

53. 黄坚：《中国传统木构建筑柱础艺术与文化研究》，湖南大学硕士学位论文，2010 年。

54. 黄媛：《夏热冬冷地区基于节能的气候适应性街区城市设计方法论研究》，华中科技大学博士学位论文，2010 年。

55. ［明］计成著，李世葵、刘金鹏编著：《园冶》，中华书局出版 2017 年版。

56. 金虹，http：//homepage. hit. edu. cn/jinhong。

57. 金虹等：《既有村镇住宅厨卫功能提升改造参考图集》，中国建筑工业出版社 2012 年版。

58. 金虹、赵华：《严寒地区低密度住宅节能设计策略》，载于《哈尔滨工业大学学报》2006 年第 9 期。

59. 金京、吴庆洲：《自然生态和文化生态并重——访著名建筑学家、建筑师吴庆洲先生》，载于《华中建筑》2006 年第 5 期。

60. 金磊：《城市灾害学原理》，气象出版社 1997 年版。

61. 靳亦冰、李钰、王军、金明：《新型城镇化导向下西北地区乡村转型研究》，载于《新建筑》2015 年第 1 期。

62. 荆子刚：《回忆北京体育馆的初期建设》，载于《体育文史》1997 年第 1 期。

63. 景县志编撰委员会：《董仲舒文化研究》，新华出版社 2009 年版。

64. 康巍：《断裂体验：中国当代实验性建筑师解读》，大连理工大学硕士学位论文，2004 年。

65. 孔宇航：《当代中国建筑师作品选集：建筑 2013～2016》，江苏凤凰科学技术出版社 2016 年版。

66. 孔宇航：《非线性有机建筑》，中国建筑工业出版社 2012 年版。

67. 孔宇航：《新视野——论二十一世纪建筑设计新理念》，载于《建筑师》1998 年第 2 期。

68. 孔宇航、王兴田、孙一民：《建筑 2012：当代中国建筑创作论坛作品集（1~3）》，大连理工大学出版社 2013 年版。

69. ［法］勒·柯布西耶著，陈志华译：《走向新建筑》，商务印书馆 2016 年版。

70. 李保峰，http：//aup. hust. edu. cn/teacher/openteacher. htm？id＝1。

71. 李保峰：《"绿色建筑"并不是最"舒适"的建筑》，绿建之窗，2014 年 5 月 16 日，http：//www. gbwindows. cn/news/201405/4894. html。

72. 李冰：《1987 年以来外来建筑师在北京建筑的相关研究》，载于《时代建筑》2005 年第 1 期。

73. 李世芬、冯路：《新有机建筑设计观念与方法研究》，载于《建筑学报》2008 年第 9 期。

74. 李世芬：《创作呼唤流派》，载于《建筑学报》1996 年第 11 期。

75. 李世芬："建筑设计方法论"讲义，大连理工大学研究生课程，2012~2017 年。

76. 李世芬：《有机转换：地域文化与住居形态研究》，载于《建筑与文化》2010 年第 4 期。

77. 李世芬：《走向多元——试论我国新时期建筑创作倾向》，天津大学硕士学位论文，1996 年。

78. 李世芬、冯路、宋盟官、杨雪：《炕文化及其形式类型》，载于《华中建筑》2007 年第 5 期。

79. 李世芬、冯璐：《新有机建筑设计观念与方法》，载于《建筑学报》2008 年第 11 期。

80. 李世芬、孔宇航：《混沌建筑》，载于《华中建筑》2002 年第 5 期。

81. 李世芬、刘扬：《华北民居的关东流变》，引自中国建筑学会：《建筑与文化 2008 国际学术讨论会论文集》2008 年版。

82. 李世芬、赵琰:《辽南地区绿色渔民住居营造策略探讨》,载于《大连理工大学学报》2008 年第 3 期。

83. 李世芬、赵琰、路晓东:《辽南海岛民居环境适应性探讨》,载于《新建筑》2008 年第 6 期。

84. 李世芬、赵远鹏:《空间维度的扩展——分形几何在建筑领域的应用》,载于《新建筑》2003 年第 2 期。

85. 李傥:《现代的方舟——功宅》,载于《世界建筑》1987 年第 2 期。

86. 李翔宁:《权宜建筑—青年建筑师与中国策略》,载于《时代建筑》2005 年第 6 期。

87. 李晓峰:《乡土建筑:跨学科研究理论与方法》,中国建筑工业出版社 2005 年版。

88. 李晓峰、谭刚毅:《两湖民居》,中国建筑工业出版社 2010 年版。

89. 李行、赵俊义:《建筑哲学与现代科学建筑学建筑学基础理论研究阶段报告》,载于《新建筑》2006 年第 3 期。

90. 李哲、曾坚、肖蓉:《当代生态建筑的美学新模式》,载于《新建筑》2004 年第 3 期。

91. 连晓芳:《建筑文化遗产传承信息技术文化部重点实验室"别有洞天"》,载于《中国文化报》2017 年第 7 期。

92. 梁漱溟:《中国文化要义》,上海人民出版社 2011 年版。

93. 梁思成:《中国建筑的特征》,载于《建筑学报》1954 年第 1 期。

94. 梁思成:《祖国的建筑.梁思成文集(四)》,中国建筑工业出版社 1986 年版。

95. 辽源市调研组:《关于贯彻落实乡村振兴战略 有效推进产业兴旺、生态宜居、乡风文明、治理有效、生活富裕的调研报告》,载于《吉林农业》2018 年第 2 期。

96. 刘敦桢:《中国古代建筑史》,中国建筑工业出版社 1987

年版。

97. 刘加平等:《绿色建筑——西部践行》,中国建筑工业出版社 2015 年版。

98. 刘加平、何文芳、胡冗冗:《秦岭乡土民居自发演进的适宜性研究》,载于《华中建筑》2011 年第 7 期。

99. 刘克成、[葡] 托斯托艾斯:《Docomomo 现代建筑遗产保护历程与经验 1988 - 2012》,中国建筑工业出版社 2014 年版。

100. 刘珊:《苏州园林》,江苏人民出版社 2014 年版。

101. 刘索拉:《你别无选择》,文汇出版社 2005 年版。

102. 刘炜著:《国外建筑师给中国带来什么》,载于《南方都市报》2005 年第 4 期。

103. 刘先觉:《当代世界建筑文化之走向》,载于《建筑学报》2006 年第 1 期。

104. 刘先觉:《现代建筑理论》(第二版),中国建筑工业出版社 2008 年版。

105. 刘先觉等:《生态建筑学》,中国建筑工业出版社 2009 年版。

106. 刘杨:《中共中央办公厅国务院办公厅印发农村人居环境整治三年行动方案》,中华人民共和国中央人民政府网,2018 年 2 月 5 日,http://www.gov.cn/zhengce/2018 - 02/05/content_5264056.htm。

107. 刘亦师:《中国近代建筑发展的主线与分期》,载于《建筑学报》2012 年第 10 期。

108. [唐] 柳宗元:《永州韦使君新堂记》。

109. 卢仁:《园林析亭》,中国林业出版社 2004 年版。

110. 陆琦:《广东民居》,中国建筑工业出版社 2008 年版。

111. 陆琦、唐孝祥、廖志:《中国民族建筑概览(华南卷)》,中国电力出版社 2007 年版。

112. 陆伟:《我国环境——行为研究的发展及其动态》,载于《建筑学报》2007 第 2 期。

113. 陆元鼎、潘安：《中国传统民居营造与技术》，华南理工大学出版社 2002 年版。

114. 吕斌：《可持续城市防灾减灾与城市规划——概念与国际经验》，科学出版社 2012 年版。

115. 聂梅生、秦佑国、江忆：《中国绿色低碳住区技术评估手册》，中国建筑工业出版社出版 2011 年版。

116. 潘谷西：《中国古代建筑史》，中国建筑工业出版社 2003 年版。

117. 潘谷西：《中国建筑史》，中国建筑工业出版社 2015 年版。

118. 裴钊、戴春、刘克成：《历史中心与地理边缘的叠加刘克成教授访谈》，载于《时代建筑》2013 年第 1 期。

119. 彭一刚：《中国古典园林分析》，中国建筑工业出版社 1986 年版。

120. 彭一刚：《建筑空间组合论》，中国建筑工业出版社 1998 年版。

121. 齐康：《城市建筑》，东南大学出版社 2001 年版。

122. 齐康等：《大城市的生机与矛盾》，东南大学出版社 2014 年版。

123. 青木信夫、徐苏斌：《建筑理论历史文库：清末天津劝业会场与近代城市空间》（第 1 辑），中国建筑工业出版社 2010 年版。

124. 《全国科学大会上邓小平提出"科学技术是生产力"》，http：//www.law-lib.com/fzdt/newshtml/100/20120301152428.htm。

125. 日本 MIKN 设计事务所著，范悦、周博译：《住区再生设计手册》，大连理工大学出版社 2000 年版。

126. 阮仪三、王景慧、王林：《中国历史文化名城保护与规划》，同济大学出版社 1995 年版。

127. 中国社会科学院语言研究所词典编辑室：《现代汉语词

典》，商务印书馆 2010 年版。

128. ［北宋］沈括著，崇贤书院释译：《梦溪笔谈》，新世界出版社 2014 年版。

129.《中国建筑师也走出国门，去国外创作》，新浪博客，2015年 10 月 31 日，http：//blog. sina. com. cn/s/blog_4da5de3c0102w0f2. html。

130.《［中国建筑在非洲］中国建筑师走出国门去国外搞创作》，http：//www. cbda. cn/html/jd/20151030/74294_3. html。

131. 党的十八届六中全会全文，http：//www. yjbys. com/gongwuyuan/show－516465. html。

132. ［西汉］司马迁著，邹德金整理：《名家注评史记》，天津古籍出版社 2011 年版。

133. 松村秀一主编，范悦等译：《建筑再生——存量建筑时代的建筑学入门》，大连理工大学出版社 2015 年版。

134. 孙通海译注：《庄子》，中华书局出版 2016 年版。

135. 崔彤：《泰国曼谷中国文化中心》，在库言库，http：//www. ikuku. cn/project/taiguomangu－zhongguo－wenhuazhongxin－cuitong。

136. 覃力、张锡昌：《说"亭"》，山东画报出版社 2004 年版。

137. 汤璐、周立军：《东北严寒地区民居可持续建筑材料的应用研究》，引自《第二十届中国民居学术会议论文集》2014 年版。

138. 同济大学建筑与城市规划学院：《不同地域特色传统村镇住宅图集》，中国建筑标准设计研究院出版社 2011 年版。

139. 万书元：《为当代西方建筑理论把脉——评刘先觉教授〈现代建筑理论〉》，载于《世界建筑》2000 年第 6 期。

140. 王建国：《21 世纪初中国建筑和城市设计发展战略研究》，载于《建筑学报》2005 年第 8 期。

141. 王建国：《城市设计》，中国建筑工业出版社 1999 年版。

142. 王建国：《传承与探新：王建国城市和建筑设计研究成

果选》，东南大学出版社 2013 年版。

143. 王建国：《现代城市设计理论和方法》，东南大学出版社 1991 年版。

144. 王弼：《老子道德经注（精）》，中华书局 2011 年版。

145. 王建国、单踊等：《转折年代"中国现代建筑教育摇篮"的继承者与开拓者们——以东南大学建筑学院"新三届"学生发展研究为例》，载于《时代建筑》2015 年第 1 期。

146. 王建国等：《后工业时代产业建筑遗产保护更新》，中国建筑工业出版社 2008 年版。

147. 王宁：《多元共生的时代》，北京大学出版社 1993 年版。

148. 王其亨：《风水：中国古代建筑的环境观》，载于《美术大观》2015 年第 11 期。

149. 王其亨：《风水理论研究》（第 2 版），天津大学出版社 2005 年版。

150. 王其亨主编，吴葱、白成军编著：《古建筑测绘》，中国建筑工业出版社 2007 年版。

151. ［唐］王维：《鸟鸣涧》，古诗文网，http：//so. gushiwen. org/view_5753. aspx。

152. 王蔚、恩隶：《中国建筑文化》，时事出版社 2011 年版。

153. 王明贤：《中国古建筑美学精神》，载于《时代建筑》1992 年第 4 期。

154. 王竹、魏秦：《多维视野下地区建筑营建体系的认知与诠释》，载于《西部人居环境学刊》2015 年第 3 期。

155. 王竹、魏秦、贺勇：《地区建筑营建体系的"基因说"诠释——黄土高原绿色窑居住区体系的建构与实筑师》，载于《建筑师》2008 年第 2 期。

156. ［古罗马］维特鲁威：《建筑十书》，北京大学出版社 2012 年版。

157. 吴葱、刘畅：《考古学与建筑遗产的测绘研究》，中国紫禁城学会第七次学术研讨会，2010 年。

158. 吴焕加：《吴焕加文集》，华中科技大学出版社 2010 年版。

159. 吴良镛：《广义建筑学》，清华大学出版社 1989 年版。

160. 吴良镛：《基本理念·地域文化·时代模式——对中国建筑发展道路的探索》，载于《建筑学报》2002 年第 2 期。

161. 吴良镛：《京旧城居住区的整治途径——城市细胞的有机更新与四合院的探索》，载于《建筑学报》1989 年第 7 期。

162. 吴良镛：《北京宪章》，清华大学出版社 2002 年版。

163. 吴庆洲：《21 世纪中国城市灾害及城市安全战略》，载于《规划师》2002 年第 1 期。

164. 吴庆洲：《中国古城防洪的历史经验与借鉴》，载于《城市规划》2004 年第 4 期。

165. 吴庆洲：《建筑哲理、意匠与文化》，中国建筑工业出版社 2005 年版。

166. 吴庆州，http：//www2. scut. edu. cn/architecture/2012/1104/c2893a101850/page. htm。

167. 吴裕成：《中国的井文化》，天津人民出版社 2002 年版。

168. 吴裕成：《中国的门文化》，中国国际广播出版社 2011 年版。

169. 夏征农、陈至立主编：《辞海》，上海辞书出版社 2009 年版。

170. 唐孝祥：《多学科交叉与综合的视野和方法开展岭南建筑理论研究》，载于《中国社会科学报》2013 年第 1 期。

171. 唐孝祥：《岭南近代建筑文化与美学》，中国建筑工业出版社 2010 年版。

172. 唐孝祥：《简论岭南汉族民居建筑的适应性》，载于《南方建筑》2008 年第 5 期。

173. 新华社：中共中央办公厅　国务院办公厅印发《关于实施中华优秀传统文化传承发展工程的意见》，中国政府网，

2017 年 1 月 25 日，http：//www. gov. cn/zhengce/2017 – 01/25/content_5163472. htm。

174. 新华社：《国家"十三五"时期文化发展改革规划纲要》，中国政府网，2017 年 5 月 8 日，http：//www. wenming. cn/whtzgg_pd/zcwj/201705/t20170508_4226176. shtml。

175. 新华社："进入新时代！习近平十九大报告全文"，2017 年10 月 18 日，http：//news. ifeng. com/a/20171018/52686134_0. shtml。

176. 新华社：《习近平：开创新时代中国特色社会主义事业新局面》，中国政府网，2017 年 10 月 27 日，http：//www. gov. cn/zhuanti/19thcpc/。

177. 新华社：《中央农村工作会议在京举行：确定实施乡村振兴战略 20 字总要求》，2017 年 12 月 6 日，https：//www. henandaily. cn/content/szheng/2017/1229/82249. html。

178. 徐卫国："非标准建筑概念及非标准数学分析"，中国国际建筑艺术双年展 UHN 前卫建筑论坛发言，2004 年 6 月。

179. 徐卫国：《非线性建筑设计》，载于《建筑学报》2005年 12 期。

180. ［东汉］许慎：《说文解字》，吉林美术出版社出版2015 年版。

181. 中国中央电视台、中国网络电视台，《大家——齐康专访》，http：//tv. cctv. com。

182. 杨克、陈亮：《朦胧诗选》，中国青年出版社 2009 年版。

183. 杨廷宝：《解放后在建筑设计中存在的几个问题》，载于《建筑学报》1956 年第 9 期。

184. 杨维菊，http：//www. bst-seu. net/show. asp？id＝117。

185. 杨维菊：《村镇住宅低能耗技术应用》，东南大学出版社 2017 年版。

186. 杨维菊：《绿色建筑设计与技术》，东南大学出版社2011 年版。

187. 杨维菊、高青:《江南水乡村镇住宅低能耗技术应用研究》,载于《南方建筑》2017年第2期。

188. 杨毅、李淏:《不同地域特色传统村镇住宅图集(中)》,载于《中国计划出版社》2014年第10期。

189. 杨永生:《中国四代建筑师》,中国建筑工业出版社2002年版。

190. 杨永生、顾孟潮:《20世纪中国建筑》,天津科学技术出版社1999年版。

191. 杨玉昆:《上世纪五十年代的首都十大建筑》,载于《北京档案》2012年第2期。

192. 宋晔皓:《关注地域特点,利用适宜技术进行生态农宅设计》,载于《中国绿色建筑/可持续发展建筑国际研讨会论文集》2001年。

193. 尹文:《说墙》,山东画报出版社2005年版。

194. 尹泽凯、张玉坤、谭立峰:《中国古代城市规划"模数制"探析——以明代海防卫所聚落为例》,载于《城市规划学刊》2014年第4期。

195. 于希贤、于洪:《风水的核心价值观》载于《建筑与文化》2016年第2期。

196. 虞春隆、周若祁:《GIS在黄土高原小流域人居环境研究中的运用》,载于《工业建筑》2008年第1期。

197. 虞春隆、周若祁:《基于栅格数据的小流域人居环境适宜性评价方法研究》,载于《华中建筑》2008年第1期。

198. 袁可嘉、董衡巽、郑克鲁选编:《外国现代派作品选》,上海文艺出版社1980年版。

199.《院士批央视"大裤衩":造价超高挑战安全底线》,载于《现代快报》2015年1月7日,http://news.sohu.com/20150107/n407603714.shtml。

200. 曾坚:《从禁锢走向开放,从守故迈向创新——中国建筑理论探索 60 年的脉络梳理》，载于《建筑学报》2009 年第 10 期。

201. 曾坚：《当代世界先锋建筑的设计观念》，天津大学出版社 1995 年版。

202. 曾坚：《曾坚自述》，载于《世界建筑》2017 年第 5 期。

203. 曾坚、蔡良娃：《建筑美学》，中国建筑工业出版社 2010 年版。

204. 曾坚、杨崴：《多元拓展与互融共生——"广义地域性建筑"的创新手法探析》，载于《建筑学报》2003 年第 6 期。

205. 曾昭奋：《创作与形式——当代中国建筑评论》，天津科技出版社 1989 年版。

206. 张博泉：《金史简编》，辽宁人民出版社 1984 年版。

207. 张敕："现代建筑理论"课堂笔记，天津大学研究生课程笔记，1994 年。

208. 张抗抗：《建筑的阅读》，载于《建筑师》第 40 期。

209. 张颀：《浅析旧建筑外部形态重构》，载于《新建筑》2006 年第 2 期。

210. 张颀、陈静、梁雪：《浅析旧建筑外部形态重构》，载于《新建筑》2006 年第 1 期。

211. 张颀、郑越、吴放、张键：《古韵新生——天津利顺德大饭店保护性修缮》，载于《新建筑》2014 年第 3 期。

212. 张清华：《中国当代先锋文学思潮论（修订版）》（当代中国人文大系），中国人民大学出版社 2014 年版。

213. 张玉坤、范熙晅、李严：《明代北边战事与长城军事聚落修筑》，载于《天津大学学报》（社会科学版）2016 年第 2 期。

214. 赵广超：《不止中国木建筑》，生活·读书·新知三联书店 2006 年版。

215. 赵万民、李云燕：《西南山地人居环境建设与防灾减灾的思考》，载于《新建筑》2008 年 8 月。

216. 赵万民、游大卫：《防震视角下的山地城市防灾开敞空间优化策略探析》，载于《西部人居环境学刊》2015年第3期。

217. 罗哲文、王振复：《中国建筑文化大观》，北京大学出版社2011年版。

218. 郑杭生：《现代西方哲学主要流派》，中国人民大学出版社1988年版。

219. 郑先友：《建筑艺术：理性与浪漫的交响》，安徽美术出版社2003年版。

220. 郑越、张颀：《世界遗产保护发展趋势下我国建筑遗产保护策略初探》，载于《建筑学报》2015年第5期。

221. 支文军、戴春等：《中国当代建筑2008~2012》，同济大学出版社2013年版。

222. 支文军、徐千里：《体验建筑——建筑批评与作品分析》，同济大学出版社2000年版。

223. 周立军、陈伯超、张成龙、金虹：《东北民居》，中国建筑工业出版社2010年版。

224. 周立军、李同予：《东北汉族传统民居形态中的生态性体现》，载于《城市建筑》2011年第10期。

225. 周立军、卢迪：《东北满族民居演进中的文化涵化现象解析》，引自《第十五届中国民居学术会议论文集》2007年版。

226. 邹德农、王明贤、张向炜：《中国建筑60年（1949~2009）：历史纵览》，中国建筑工业出版社2009年版。

227. 邹德侬：《从半个后现代到多个解构——三谈引进外国建筑理论的经验教训》，载于《世界建筑》1992年第8期。

228. 邹德侬：《大风大浪中的建筑进步——新中国建筑的第一个30年（1949~1978）》，载于《建筑学报》2009年第9期。

229. 邹德侬：《适用、经济、美观——全社会应当共守的建筑原则》，载于《建筑学报》2006年第1期。

230. 邹德侬、杨昌鸣、孙雨红：《优秀建筑论——淡化"风格""流派""创造"优秀建筑》，载于《建筑学报》2006年第

1 期。

231. 邹德侬、赵建波、刘丛红:《理论万象的前瞻性整合——建筑理论框架的建构和中国特色的思想平台》,载于《建筑学报》2002 年第 12 期。

232. 〔春秋〕左丘明:《左传》。

233. E. F. Schumacher, Bill McKibben. *Small is Beautiful*: *Economics as if People Mattered.* Harper Collins Publishers, 2010.

234. John Briggs. *Fractals*: *The Patters of Chaos.* New York: Simon & Schuster, 1992.

后记

自 2016 年 9 月开始，历经团队成员三年的努力，本书终于完稿。忐忑之余，总算松了口气。在内容上，本书可谓跨越学科、跨越时空了，从文化到建筑，从传统到现代建筑，并涉及从整体群像到具体人物，从观念、理论到实践作品的方方面面，堪称一个复杂的系统。以笔者的阅历、才能，面对如此浩瀚、复杂而宏大的体系，常常感到惴惴不安……聊以自慰的是，我们已尽心尽力。值此文化繁荣与品位提升的时代，能够静下心来为建筑文化事业做一些事，我们深感荣幸。

感谢各位建筑大师百忙中为本书提供了详尽的素材；特别令人感动、值得感谢和学习的是，已近高龄的齐康、张锦秋、何镜堂、王小东等院士所给予的支持，不仅学养丰厚，他们的诚挚、敬业、严谨和效率令人难忘，更让我们明白，院士之所以成为院士，不仅成在专业，也成在为人。也特别感谢王建国、刘克成等先生为本书提出的宝贵建议。

三年来，本书成为我们团队的重中之重，伙伴们在工作、学业十分紧张的情况下，锲而不舍地进行着这项庞大而复杂的工作，甚至牺牲了假期的休息时间，而静下心来阅读、分析、体味、撰写，这对我们每一个人来说都是一个学习的过程。从约稿到写作的过程，从为人到学问，我们感悟、收获了很多、很多……在此对伙伴们表示祝贺，也表示感谢！

由于时间、能力、精力和信息资源的限制，本书还存在很多的遗憾，如在对大师们的思想、观念、作品解读的深度和准确性方面，在反映新时期建筑文化所涉及的人物、理论、作品的覆盖面方面……即使我们已经很努力，依然难免挂一漏万。

同时，尽管我们收集了大量的理论资讯，收到大量丰富多彩、美轮美奂的建筑作品，在此过程中我们也进行了深入的理论与作品解读、研究，但最后由于丛书统一要求和版面限制，数易其稿，删去了很多内容，留下一些遗憾……在此还请各位同仁给予理解，也诚请鉴谅。

特别感谢《中国道路》丛书编委会、经济科学出版社的邀请和支持；感谢季正聚先生的关怀和引领；感谢吕萍女士，韩振江、赵学琳先生，孙丽丽、纪小小女士以及编审老师在本书内容、格式等方面给予的宝贵建议和支持。

本书图片多来自设计团队约稿，尚有些图片来自网站，包括：新浪博客、视觉中国、中国建设科技集团股份有限公司、搜狐文化、昵图网、百度百科、中国地名文化网、云游玩、凤凰网、在库言库网等，在此一并表示衷心的感谢！

感谢导师张敕教授（天津大学），先生的"现代建筑理论"课程是我理论研究的启蒙，20年来一直在引领、启发着我。

感谢在研究、教学领域多年混沌相随的朋友、同事、弟子们的帮助和支持，你们的真挚、关爱与才学一直温暖、影响着我。

感谢在规划、建筑与景观设计等方面合作的甲方朋友们提供的实践机会，让我们实现了从理论到实践的循环和提升，对建筑有了更加深入的理解，从而脚踏实地，不再浮于理论。

感谢亲爱的家人，你们的爱与理解、鼓励和建议一直陪伴、温暖着我们，一步步接近目标，最终完成。

美，在你、在我，在每一个人的心里。

祝福所有与此书相关的亲人、大师、朋友和伙伴们！

本书由李世芬、于璨宁总体策划并主笔，同时由团队成员参与撰写完成有关章节。

参与撰写人员如下（按姓氏拼音字母排序）：柏雅雯、杜凯鑫、范熙晅、李超先、李思博、宋文鹏、王斐、王梦凡、赵嘉依。

在此对全体撰写成员表示衷心的感谢！

李世芬

2019 年 9 月